RECHERCHES CHRONOLOGIQUES

SUR LES

MOYENS APPLIQUÉS A LA CONSERVATION

DES

SUBSTANCES ALIMENTAIRES

DE NATURE ANIMALE ET DE NATURE VÉGÉTALE.

EXTRAIT DES

Annales d'Hygiène publique et de Médecine légale, 2e série, 1858, tome IX. Journal rédigé par MM. Adelon, Andral, Boudin, Brierre de Boismont, Chevallier, Devergie, Gaultier de Claubry, Guérard, Keraudren, Lassaigne, Michel Lévy, Mêlier, Pietra-Santa, Amb. Tardieu, Trébuchet, Vernois, Villermé, publié depuis 1829, tous les trois mois, par cahiers de 250 pages avec planches. — Prix de l'abonnement par année, 18 francs; *franco* pour les départements, 21 francs.

A Paris, chez J.-B. Baillière et fils, 19, rue Hautefeuille.

Paris. — Imprimerie de L. MARTINET, rue Mignon, 2.

RECHERCHES CHRONOLOGIQUES

SUR LES

MOYENS APPLIQUÉS A LA CONSERVATION

DES

SUBSTANCES ALIMENTAIRES

DE NATURE ANIMALE ET DE NATURE VÉGÉTALE,

PAR MM.

A. CHEVALLIER,

Professeur à l'École de pharmacie,
Membre de l'Académie de médecine, du Conseil d'hygiène
et de salubrité, etc., etc.

ET

A. CHEVALLIER fils,

Chimiste,
Membre correspondant de l'Académie de Dijon,
De la Société impériale de médecine, de chirurgie et de pharmacie de Toulouse, etc., etc.

« Ce qui doit paraître étrange, c'est que les spéculations des grands capitalistes, qui se portent sur tant d'objets divers, soient restées étrangères à celui qui présentait le moyen de doubler les capitaux, d'étendre le commerce, et de servir l'humanité. »

(BOURIAT, *Bulletin de la Société d'encouragement*, 1854.)

PARIS,

J.-B. BAILLIÈRE ET FILS,

LIBRAIRES DE L'ACADÉMIE IMPÉRIALE DE MÉDECINE,

Rue Hautefeuille, 19.

Londres, H. BAILLIÈRE, 219, Regent-Street.

New-York, H. BAILLIÈRE, 290, Broadway.

MADRID, C. BAILLY-BAILLIÈRE, CALLE DEL PRINCIPE, 11.

1858.

RECHERCHES CHRONOLOGIQUES

SUR LES

MOYENS APPLIQUÉS A LA CONSERVATION

DES

SUBSTANCES ALIMENTAIRES

DE NATURE ANIMALE ET DE NATURE VÉGÉTALE.

On se demande chaque jour, lorsqu'on lit les journaux qui rendent compte des procès en police correctionnelle, comment il peut se faire qu'en 1857, et dans un moment où les aliments sont à un prix élevé, on voit des individus être condamnés pour avoir apporté sur les marchés des viandes altérées et corrompues?

On se demande encore à quoi servent les recherches des savants, et pourquoi les applications de la science à la conservation des viandes et des substances alimentaires ne sont pas utilisées, et si l'on doit attribuer cette non-application à l'insouciance ou à l'ignorance des personnes qui font leur état de préparer les substances destinées à l'alimentation?

Les questions que nous posons ici ne sont pas nouvelles : en effet, on trouvait en 1786, dans le *Journal de la Blancherie*, pages 117 et 285, l'énoncé suivant qui se rapporte au sujet que nous traitons ici :

Quelle est la manière de conserver les comestibles, les viandes particulièrement, pendant la chaleur, ou le plus longtemps possible, dans le cours d'un voyage sur mer ou sur terre? M. Cazalet a donné, dit-on, un bon procédé à cet égard, a-t-il été mis en usage?

On désirerait connaître un moyen certain de conserver les viandes qu'on transporte pendant les grandes chaleurs, des villages ou des bourgs, où il y a des bouchers, dans les endroits où l'on en manque.

De cet énoncé ressort une question générale qui est la suivante :

Quel est le moyen de conserver la viande? C'est une question qui peut encore être faite aujourd'hui qu'on n'a pas appliqué les résultats qui découlent d'un grand nombre d'expériences.

La solution de cette question est d'une immense importance; aussi la Société d'encouragement, à qui l'on doit d'avoir sollicité et obtenu, par suite des récompenses qu'elle décerne, des découvertes qui font époque dans la science, a-t-elle échoué dans les essais qu'elle a tentés pour obtenir des travaux destinés à la pratique de cette question. En effet, si l'on ouvre le tome XI du *Bulletin* publié par cette philanthropique association, on voit que, dès l'année 1812, François de Neufchateau appelait l'attention de la Société sur la conservation des viandes et des fruits par salaison, et établissait qu'il y avait nécessité d'ouvrir un concours sur ce sujet; il faisait remarquer, dans la séance du 8 juillet 1812, qu'il serait utile de réunir les données éparses que l'on possédait sur ce sujet. Il rappelait que Ch. Martefelt avait fait sur cette matière un traité complet qu'il serait utile de traduire (1).

(1) *Traité sur la salaison des viandes en Irlande, et manière de fumer le bœuf à Hambourg*, traduit du danois par Bruun-Neergard; Paris, 1821, in-8.

En 1813, un prix fut proposé, et les détails des conditions imposées furent établis dans des programmes qui furent affichés, publiés et répandus en très grand nombre.

Prix pour la dessiccation des viandes.

La Société d'encouragement, toujours occupée d'augmenter ou propager les diverses branches de l'industrie nationale, éprouve une nouvelle sollicitude lorsqu'il s'agit d'un objet qui a pour but le bien de l'humanité. C'est d'après ce principe qu'elle désire ardemment trouver un mode de conserver les viandes, autre que celui de la salaison, mais au moins aussi sûr, afin d'offrir aux marins plus d'un moyen de se procurer une nourriture saine et savoureuse. Parmi tous ceux qu'on a employés jusqu'à ce jour, la dessiccation pourrait avoir la préférence sous plusieurs rapports : elle réduit la viande à un plus petit volume, demande moins de soins pour la conserver ainsi desséchée; elle évite encore aux sucs de la chair des animaux leur contact avec des substances étrangères, qui tôt ou tard en modifient la nature. La fumée même n'est point exempte de cet inconvénient. Le Tartare et le Mexicain, qui vivent sous un climat tout à fait différent, font dessécher des viandes, l'un pour les préserver de la gelée, l'autre, de l'influence de la chaleur atmosphérique qui les altère promptement. Dans une partie de la Tartarie, on réduit en poudre les viandes desséchées, qui servent, dans cet état, aux longs voyages de terre et de mer. Cette préparation, faite avec peu d'exactitude et de soin, par les Tartares, n'offre pas aux Européens un mets bien agréable; mais si ceux-là font usage de leurs connaissances pour perfectionner ce procédé, il est probable que ces derniers en tireront bientôt un parti très avantageux. On est d'autant plus fondé à le croire, qu'un fait, utile à rapporter, en donne la preuve.

Depuis dix ans il existait à l'hôtel des monnaies de la viande desséchée par M. Villaris, pharmacien à Bordeaux, laquelle avait été gardée sans précaution dans un lieu qui ne pouvait la défendre, ni de la poussière, ni des variations de l'air atmosphérique. Cependant cette même viande, après avoir été lavée et cuite dans un pot de terre, a fourni un potage assez bon ; elle était très mangeable et conservait presque la saveur des viandes nouvelles. Feu M. Darcet, dont la mémoire est si chère aux amis des sciences, des arts et de la saine philanthropie, était en correspondance active avec ce pharmacien qui mourut avant lui. Il ne paraît pas avoir eu connaissance de son mode de dessiccation : il dit seulement que le procédé de M. Villaris n'a pas été rendu public, par la faute de quelques agents de l'ancien gouvernement qui tinrent à une faible somme pour en faire l'acquisition. M. Darcet en témoigne son mécontentement, parce qu'il sentait l'importance de ce secret qui a été enseveli avec l'auteur.

Mais ce qui a été trouvé par une personne ne peut-il pas l'être par d'autres? Rien ne peut s'y opposer : au contraire, les arts et les sciences n'ont cessé de faire des progrès depuis cette époque ; les recherches sur les substances animales, et leur analyse faite avec soin par MM. Gay-Lussac et Thenard, sont autant de guides qui mettront sur la voie de cette découverte.

M. Villaris exprimait-il la viande pour en séparer une partie des sucs les plus liquides et hâter par là sa dessiccation? Quand ce serait, la faible partie des sucs qu'on obtient par la pression ne serait point perdue; car, chauffée avec de la graisse, elle lui communique toute sa saveur et son odeur, elle l'aide à se conserver, surtout en y ajoutant les aromates qui s'emploient dans nos mets ordinaires.

La Société ne pense pas qu'il soit impossible de retrouver le procédé de M. Villaris, ou un autre analogue ; elle se flatte, au contraire, de voir employer ce mode de conservation comparativement avec les salaisons, parce que l'expérience apprendra auquel des deux moyens il faut donner la préférence. Ces motifs l'ont déterminée à proposer un prix de 3000 fr. à celui qui trouvera :

1° Un procédé facile et économique pour dessécher les viandes qui servent aux embarcations, de manière qu'après une longue traversée en mer elles jouissent, le plus qu'il est possible, de leur saveur première.

2° Il remplira aussi les conditions prescrites par le programme pour les salaisons et désignées sous les numéros 2, 4, 5, 6 et 7. (Voyez les programmes qui se trouvent parmi les *Actes de la Société*.)

La Société lui décernera le prix dans la séance générale du mois de juillet 1817, si les viandes qu'il aura présentées ont le degré de perfection désirable.

Avant la proposition de ce prix, M. Appert, à Massy, près Paris, s'était occupé de la conservation des substances animales et végétales, et il avait fait connaître à la Société ses procédés, qui furent le sujet d'un rapport fait par M. Bouriat, en son nom et en celui de M. Guyton de Morveau et Parmentier (15 mars 1809). De ce rapport il résulte que les objets examinés (un pot-au-feu, un consommé, du lait, du petit-lait, des petits pois, des petites fèves de marais, des cerises, des framboises, des abricots, du suc des groseilles), objets qui étaient renfermés dans des vases de verre hermétiquement fermés et scellés, les uns depuis huit mois, les autres depuis un an et même quinze mois, étaient de bonne qualité et bien conservés.

Dans ce rapport, les commissaires faisaient connaître les résultats obtenus de la méthode Appert et les félicitations que l'industriel avait reçues de plusieurs préfets maritimes : 1° de M. le préfet maritime du département du Finistère, qui avait chargé une commission d'examiner les produits conservés qui avaient été embarqués sur le *Stationnaire*, le 2 septembre 1806, et qui étaient restés à bord de ce navire jusqu'au 13 avril 1807; 2° de M. le préfet maritime à Rochefort, M. Martin (1).

M. le contre-amiral Allemand a constaté l'utilité du procédé Appert, par une lettre écrite à bord du vaisseau *le Majestueux*, en rade de l'île d'Aix, le 7 mai 1807. Par cette lettre, cet amiral faisait connaître le bon état dans lequel se trouvaient les aliments qu'il avait achetés depuis quatorze mois. M. Allemand terminait sa lettre en établissant qu'il y aurait infiniment d'avantage à embarquer les aliments pour les malades, et que s'il était consulté par le ministre de la marine, il ne balancerait pas à faire connaître à ce ministre toute l'utilité du procédé et tout l'avantage qu'on pouvait en tirer.

Dans l'assemblée générale de la Société d'encouragement du 31 mars 1813, M. Cl. Anthelme Costaz rappelait, à propos de la conservation des aliments, qu'antérieurement à la révolution, M. Villaris, de Bordeaux, avait trouvé le moyen de mettre à l'abri de la corruption les viandes, les graisses et les gelées sans les saler, et sans qu'il fût nécessaire de les priver du contact de l'air : il disait qu'on ne saurait trop regretter que ce moyen fût perdu, et que l'ancien gouvernement n'ait pris des mesures pour en assurer la jouissance au public; que, s'il est possible de le retrouver, on rendrait un grand service à la marine, aux armées de terre, à l'économie domestique.

(1) Ce préfet, dans une lettre du 22 mai 1807, s'exprimait ainsi : « *Je ne négligerai aucune occasion de faire connaître une découverte qui m'a paru aussi utile à l'État qu'intéressante pour les marins.* » — Comparez J.-B. Fonssagrives, *Traité d'hygiène navale*; Paris, 1856, p. 594.

En février 1813, le docteur Guersant lut à la Société philomatique, séance du 20, un mémoire *sur la préparation des intestins de bœuf pour la conservation des substances animales.*

Dans ce mémoire, l'auteur faisait connaître un genre d'industrie peu répandu, qui consiste à préparer les intestins de bœuf, afin d'y renfermer les viandes salées et d'autres substances animales. Dans ce mémoire, il dit qu'en France on ne conserve dans les intestins de bœuf que la chair du cochon, et que ces intestins sont employés tout de suite et presque sans préparation. En Italie, et surtout en Espagne et en Portugal, où la chaleur du climat, surtout pendant l'été, empêche de pouvoir garder des viandes fraîches d'un jour à l'autre, on sale et l'on épice les chairs de toutes les espèces d'animaux qui servent à la nourriture de l'homme ; et pour les conserver plus longtemps, on les introduit dans ce qu'on appelle dans ce pays des *enveloppes de saucissons*, qui ne sont autre chose que les intestins grêles du bœuf qui ont été recueillis et préparés à Londres et à Paris, et qu'on envoie en grande quantité, principalement dans l'Estramadure, où il se fait, à de certaines époques de l'année, le plus grand commerce de cette marchandise. Il y a certaines foires où se vendent en gros les enveloppes de saucissons qui sont achetées par les marchands des différentes provinces, qui les revendent ensuite en détail aux particuliers.

Ces enveloppes sont très usitées; car, excepté à Madrid et dans quelques grandes villes, où la fabrication des saucissons se fait sur une large échelle, chacun prépare ou fait préparer chez lui ceux qui sont nécessaires à la consommation de sa maison.

M. Guersant, dans son travail, a décrit les opérations à suivre pour obtenir les enveloppes de saucissons : le *dégraissage*, le *lavage*, l'*invagination* ou *retournage*, l'*insufflation*, la *dessiccation*, la *désinsufflation*, la *mise en paquets* et la *conser-*

vation; puis il indique la méthode à mettre en pratique pour s'en servir à la consommation des aliments.

Il dit qu'un bœuf fournit ordinairement de 75 à 78 mètres d'intestins grêles, mais que la perte dans le travail est considérable; que cette perte dépend de l'habileté et de l'intelligence de l'ouvrier, de la saison plus ou moins favorable, de la qualité des intestins qui varient de ténacité, d'épaisseur et de couleur.

Les intestins ainsi préparés sont ensuite *amenés* en *écheveaux*, en balles, et conservés à l'aide du poivre, du camphre ou d'autres substances qui empêchent les insectes de les attaquer.

A cette époque, une fabrique établie à la Petite-Villette fournissait à l'Espagne de 100 à 120 balles d'enveloppes de saucissons, qui contenaient chacune cinq cents écheveaux de 20 mètres. Chaque balle se vendait de 5 à 600 francs.

S'il s'agit d'employer ces intestins, on les ramollit dans un peu d'eau tiède ou dans une légère solution alcaline qui enlève la graisse qui pourrait encore être inhérente à l'intestin; on y introduit ensuite des viandes, du beurre, des graisses, et les autres substances qu'on veut y conserver. L'auteur dit qu'il est facile, à l'aide de ce moyen, et en enduisant ces intestins d'une matière huileuse, de garder des viandes salées, des graisses, pendant longtemps et sans altération, les parois étant imperméables à l'action de l'air et rendues impénétrables à l'humidité en les environnant de substances parfaitement sèches et non hygrométriques.

M. Guersant dit qu'il pense qu'on n'a pas tiré tout le parti de ce moyen de conserver et de transporter facilement beaucoup de substances alimentaires, et qu'il serait possible de l'utiliser dans de certains cas pour l'alimentation des armées de terre et de mer.

Nous ne pensons pas que ce moyen, qui peut être employé, ait de l'avantage sur d'autres moyens qui ont été indiqués depuis, qui ont été jusqu'à un certain point abandonnés sans avoir été examinés et utilisés.

En 1815, M. Pierards, capitaine du génie, à Thionville, publia une notice sur la préparation du bœuf fumé d'après les procédés suivis à Hambourg (voy. le *Bulletin de la Société d'encouragement*, t. XIV, p. 160) : mais M. Bouriat, dans un rapport, conteste les avantages que présente ce mode de conservation ; de plus, il établissait que les Français auraient de la peine à s'habituer à faire leur nourriture de viande fumée, que d'ailleurs le procédé ne lui semblait pas économique.

En 1816, la Société d'encouragement rappelait de nouveau qu'elle avait proposé un sujet de prix ; elle faisait connaître qu'il serait décerné en 1818. Dans le programme, elle rappelait les travaux d'Appert en faisant connaître que le procédé avait été acheté par le gouvernement, et que la description du mode de faire avait été livrée à l'impression.

Dans ce programme, on dit que l'efficacité de ce procédé est incontestable, mais qu'il est à regretter que son emploi se trouve limité par la multiplicité des vases, par leur fragilité, l'exiguïté des ouvertures qui ne permettent d'introduire que des substances d'un petit volume, par la difficulté d'avoir des fermetures complètes ; qu'il laisse donc encore à désirer, et que ce ne sera que quand on sera parvenu à vaincre toutes ces difficultés, que ce mode de faire prendra tout le développement dont il est susceptible, et tout fait espérer que ce but pourra être atteint.

L'auteur du programme rappelait que Gay-Lussac, en 1810, dans un mémoire lu à l'Institut, avait parfaitement développé la théorie des phénomènes qui se passent dans cette opération, puisqu'il a prouvé que la conservation des substances végétales et animales par ce procédé était fondée sur la fermeture exacte des vases qui les contiennent, et sur l'absence totale d'oxygène libre dans ces vases, par suite de la combinaison de celui qui y existait avec la ou les substances susceptibles de fermentation.

Ce savant regardait comme prouvé que cette combinaison est favorisée par la chaleur, dont le degré peut être assez élevé et suffisamment prolongé pour détruire ou rendre concrètes les substances nouvellement combinées avec l'oxygène, et qui, par suite de cette opération, perdent la propriété d'exciter la fermentation.

L'absence totale de l'oxygène libre paraissait à M. Gay-Lussac être la condition essentielle pour la conservation des matières alimentaires, et, partant de cette donnée, il pensait qu'on pouvait conserver toutes sortes de fruits dans les gaz azote et hydrogène, pourvu que ces fruits n'eussent pas absorbé d'oxygène.

C'est sans doute par suite de la publication du procédé d'Appert et du développement de la théorie de Gay-Lussac qu'il se forma à cette époque, en Angleterre, un établissement dans lequel on était parvenu à conserver les substances végétales et animales dans des boîtes ou caisses de métal de toutes dimensions.

En 1817, M. le ministre de la marine et des colonies, voulant aider la Société d'encouragement dans les utiles recherches auxquelles elle se livrait, publia la circulaire suivante :

Circulaire adressée par S. E. le Ministre de la Marine et des Colonies aux Intendants de la marine à Brest, Rochefort et Toulon, aux Commissaires généraux ordonnateurs à Lorient et Cherbourg, et aux Commissaires principaux à Dunkerque, le Havre, Saint-Servan, Nantes, Bordeaux, Bayonne et Marseille.

MONSIEUR, le Conseil d'administration de la Société d'Encouragement pour l'Industrie nationale m'a fait connaître que cette Société avait offert deux prix, l'un de 3000 francs, pour le meilleur procédé qui serait proposé pour la dessiccation des viandes, et l'autre de 2000 francs, pour la salaison des viandes, et m'a demandé de donner des ordres pour que les concurrents puissent avoir la faculté :

1° De faire constater par un procès-verbal l'embarquement de leurs viandes dans des vases ou caisses qui seraient scellés par les autorités locales.

2° De fournir à la Société une preuve irrécusable que le vaisseau a passé le tropique, et que, de retour en France sur le même bâtiment ou sur un autre, l'un des vases ou caisses se trouve muni du même sceau qu'il avait en partant (dans cet état, le vase doit être envoyé à la Société avec le procès-verbal de reconnaissance pour qu'elle examine la viande qu'il contiendra).

3° Enfin, de faire ouvrir un des vases au delà de la ligne pour y être dégusté par une partie de l'équipage, et qu'il en soit dressé procès-verbal signé de tous les dégustateurs et constatant la qualité de la viande à cette époque.

En conséquence, s'il se présentait quelques concurrents pour remplir les conditions que je viens d'indiquer, vous voudrez bien les accueillir et leur fournir toutes les facilités nécessaires pour que les dispositions y relatives soient exécutées.

Vous communiquerez cette lettre au commandant de la marine et aux chefs militaires qui doivent en connaître, afin qu'ils donnent à ce sujet les instructions nécessaires aux officiers des bâtiments sur lesquels les vases seront embarqués, et vous me transmettrez sur les concurrents tous les renseignements nécessaires sur leurs noms, le nombre des caisses qu'ils auront déposées, et le bâtiment sur lequel elles sont embarquées.

Vous pourrez aussi adresser copie de cette lettre dans les ports de votre arrondissement ; je vous préviens cependant que je l'adresse directement.

Le Ministre de la Marine et des Colonies,

Signé : le comte Molé.

Dans la même année la Société eut à se prononcer, six concurrents s'étant présentés. M. Bouriat fut chargé de faire un rapport sur les mémoires adressés à la Société. De ce rapport il ressort que le concurrent dont le mémoire portait le n° 1er n'avait pas répondu à la question : il présentait dans ses pièces le moyen de faire des tablettes de bouillon, de préparer des biscuits-viande, il avait envoyé de la viande pulvérisée; mais tous les procédés décrits furent jugés trop longs et trop coûteux pour pouvoir être mis en pratique en grand.

L'auteur du n° 2, Cellier Blumenthal, avait envoyé des viandes pulvérisées, sans décrire le procédé d'obtention ni le prix de revient ; il établissait seulement : 1° Qu'à l'aide d'une machine de son invention, il pouvait pulvériser la chair sèche provenant de 200 bœufs en vingt-quatre heures ; 2° que la viande, par la dessiccation et la pulvérisation, perdait sans subir d'altération les 3/6es de son poids; 3° qu'un soldat pouvait porter trois livres de viande pulvérisée qui servirait pour sa nourriture pendant douze jours ; 4° qu'il ne faut que cinq minutes d'ébullition de cette poudre dans l'eau pour donner un bouillon savoureux et un hachis qui conserve le goût du bouilli.

M. Cellier Blumenthal proposait d'enfermer la poudre de viande dans des sacs de toile garnis à l'intérieur de papier collé sur la toile, et d'enduire l'extérieur des sacs d'une couche d'huile siccative; il voulait qu'avant de l'introduire dans ces sacs elle fût portée à une température de 60° Réaumur (75° c.), dans le but d'empêcher l'éclosion des œufs d'insectes qui auraient pu y être déposés pendant la dessiccation.

Les commissaires de la Société d'encouragement firent des essais sur la poudre de viande conservée pendant trois ans. Traitée par l'eau bouillante pendant cinq minutes en y ajoutant un peu de sel, ils reconnurent : 1° Que la poudre se déposait au fond du vase et que le bouillon tiré au clair avait une couleur passablement foncée, une saveur assez agréable, ne présentant pas de graisse à sa partie supérieure ; 2° que la viande divisée se trouvait au fond du vase sous forme de hachis, qui avait, il est vrai, le goût de la viande bouillie, mais qui était moins agréable de saveur que ne l'est le bœuf avec lequel on a préparé le bouillon.

La commission constata que le bouillon préparé avec la viande séchée et pulvérisée s'était conservé en bon état pendant trente-six heures de plus que le bouillon de bœuf qui avait été pris comme point de comparaison.

Les conclusions du rapport furent que la poudre de viande peut bien être utile dans quelques circonstances, mais non aussi généralement que la viande desséchée en morceaux plus ou moins gros; que cette dernière est convenable à tous les consommateurs, surtout si elle reprend dans l'eau un volume égal à celui qu'elle avait avant sa dessiccation.

M. Cellier Blumenthal, n'ayant pas fait connaître ses procédés ni les dépenses qu'ils nécessitent, ne fut pas jugé digne du prix.

L'auteur du mémoire n° 3 avait décrit avec beaucoup de soin les précautions qu'on doit prendre pour dessécher les viandes ; il désignait l'époque où devait se faire ce travail, l'âge et les qualités nécessaires aux animaux pour être utilisés, la forme à adopter pour la construction des étuves, les ustensiles nécessaires pour préparer et dessécher les viandes, enfin l'espèce de fumée à laquelle on doit les exposer.

Le programme de la Société ayant exclu la fumée de la préparation des viandes, l'auteur de ce mémoire fut mis hors de concours.

Le quatrième mémoire était dû à M. Robin, fabricant de produits chimiques. Cet industriel établissait : 1° que les morceaux de viande d'un demi-kilogramme, dépouillés de leur graisse, et saupoudrés d'un mélange de 4 parties de charbon et d'une partie de sulfate d'alumine, peuvent se dessécher complétement à l'air libre pourvu qu'ils soient suspendus à une tringle de fer et isolés les uns des autres ; que la dessiccation pouvait être effectuée en quinze jours à l'air libre.

M. Robin avait envoyé deux échantillons de viande préparés par son procédé : ils étaient fortement desséchés ; leur surface était colorée en brun très foncé, l'intérieur était d'un jaune tout parsemé de quelques points rougeâtres.

Ainsi, dans l'eau, en 24 heures, elle n'avait presque pas augmenté de volume. Traitée comme la viande ordinaire pour faire un bouillon, celui-ci était très léger, sans aucun goût désagréable ; la viande n'avait repris que la moitié de son volume primitif, elle était brune, dure à mâcher.

La commission attribua ce racornissement de la viande à l'emploi du sulfate d'alumine ; elle fit connaître l'intérêt qu'il y aurait en desséchant la viande à l'air libre, et l'économie qui en résulterait si l'on pouvait supprimer le combustible nécessaire pour l'amener à un état convenable de dessiccation.

Le cinquième mémoire était adressé par M. Cazalet, de Bordeaux. L'auteur, dans son travail, indiquait les moyens à mettre en pratique pour conserver longtemps la viande fraîche. Ces moyens consistent à comprimer un grand volume de gaz acide carbonique dans des vases de métal où l'on introduit de la viande, et de retenir le gaz carbonique comprimé à l'aide d'obturateurs et d'armatures de fer qui ont pour but de s'opposer à la rupture des vases dans le cas où le gaz tendrait à prendre de l'expansion ; 2° des procédés pour obtenir l'acide carbonique ; 3° des procédés pour obtenir le bouillon pur, et des tablettes qu'il préparait, dit-il, depuis trente-trois ans avec ce bouillon.

Ce travail, tout intéressant qu'il était, était en dehors du concours.

M. Cazalet avait joint à son rapport un procès-verbal rédigé en 1783 par MM. Macquer et Cadet, membres de l'Académie des sciences, chargés par M. de Castries, alors ministre de la marine, de répéter les procédés de M. Cazalet pour la dessiccation des viandes; ce certificat n'était malheureusement pas revêtu de signatures authentiques.

Ce procès-verbal constate, selon nous, le premier pas fait pour la conservation de la viande par la gélatine. Voici d'ailleurs le texte de ce procès-verbal.

B. Les commissaires firent mettre, y est-il dit, sept cent cinquante livres de viande de bœuf non soufflée dans une étuve qui en aurait pu contenir le double. Cette étuve, chauffée à cinquante-cinq degrés pendant soixante-douze heures, a desséché la viande en la réduisant au moins à la moitié de son poids ; pendant cette opération on a reçu dans des vases la graisse qui coulait de la viande, et qui s'est trouvée parfaite. La viande encore chaude a été retirée de l'étuve et trempée dans de la gélatine provenant des os et très rapprochée. Cette viande, remise à l'étuve pour évaporer l'humidité de la gélatine, s'est trouvée recouverte d'une espèce de vernis. Dans cet état, elle n'a eu besoin que d'un quart d'heure d'ébullition pour faire un pot-au-feu que les commissaires ont trouvé assez agréable; le bouillon offrait une belle couleur et une bonne consistance. La viande était considérablement renflée, très mangeable, mais moins bonne que la viande fraîche. Ils ont comparé ce pot-au-feu avec celui fait avec de la viande salée; ce dernier s'est trouvé inférieur sous tous les rapports. Ils ont conclu de ces expériences que la viande desséchée par M. Cazalet n'était nullement nuisible à la santé; qu'elle était infiniment préférable pour l'embarcation, parce qu'elle diminue de poids et de volume; qu'en conséquence, elle est plus commode pour les armées de mer et même pour celles de terre.

Ils ont encore observé que la portion de graisse attachée à la viande, après la dessiccation, était d'une douceur, d'une fermeté et d'une saveur très agréables. Ils présument qu'elle doit conserver longtemps ses bonnes qualités, ainsi que la viande elle-même; mais que cependant ils s'abstiennent de prononcer définitivement avant qu'on l'ait envoyée aux îles et rapportée en France.

Le sixième mémoire était de M. Hoschet de Halleuser Saale. Dans ce travail, l'auteur, qui n'a opéré que sur de très faibles échantillons, faisait dessécher de la viande dans le four d'un poêle, agitant à plusieurs reprises; la viande ainsi desséchée, était enveloppée dans du papier dont la surface était enduite d'un mélange de charbon et de gomme arabique; ces paquets étaient ensuite conservés dans des boîtes pleines de poudre de charbon de manière à entourer les paquets.

M. Hoschet de Halleuser Saale dit que la viande fraîche, selon lui, doit perdre les trois quarts environ de son poids lorsqu'on la dessèche convenablement.

Un morceau de viande qui a été essayé a fourni un bouillon assez bon. La viande avait repris un volume assez grand pendant sa cuisson; mais elle était trop ferme et son goût médiocre.

En 1816, M. Salmon Maugé présenta à la Société d'encouragement divers échantillons de viande et de poisson qu'il avait desséchés pour en obtenir la conservation. Ces viandes furent trouvées bien conservées et de bon goût ; mais M. Salmon Maugé ne fit pas connaître son procédé.

En 1818, la Société d'encouragement modifia son programme.

Prix pour la conservation des substances alimentaires par le procédé de M. Appert, exécuté plus en grand, ou par tout autre analogue.

La conservation des substances alimentaires est d'une si grande importance, qu'elle ne pouvait pas manquer de fixer l'attention de la Société d'encouragement. Déjà, par des sujets de prix proposés précédemment, elle a provoqué les travaux des artistes, pour obtenir le perfectionnement de la salaison et de la dessiccation des viandes. La Société ne croit pas devoir borner à ces deux objets les encouragements réclamés par une partie aussi importante de l'économie domestique. On connaît depuis quelques années un autre mode de conservation dont M. Appert est l'inventeur. Le gouvernement a acquis de cet artiste la propriété de son procédé, et s'est empressé d'en faire jouir le public, en en faisant imprimer la description.

Il n'existe plus le moindre doute sur l'efficacité de ce procédé; il est seulement à regretter que son emploi se trouve aussi limité, par la multiplicité et la fragilité des vases qu'il comporte, par l'exiguïté des ouvertures de ces vases, qui ne permettent que l'introduction de substances liquides ou d'un très petit volume et par la difficulté d'opérer la fermeture complète de presque tous, mais principalement de ceux dont l'ouverture et la capacité dépassent les proportions d'une bouteille ordinaire. Ce procédé, jusqu'à présent, laisse beaucoup à désirer pour la conservation des viandes; ce ne sera que lorsqu'on sera parvenu à vaincre ces difficultés que ce mode de conservation pourra prendre tout le développement dont il est susceptible, et tout fait espérer que ce but pourra être atteint.

M. Gay-Lussac, dans un Mémoire lu à l'Institut en décembre 1810, a parfaitement développé la théorie des phénomènes qui se passent dans cette opération; il a prouvé que la conservation des substances végétales et animales, par ce procédé, était fondée sur la fermeture exacte des vases qui les contiennent, et sur l'absence totale d'oxygène libre dans ces vases, par suite de la combinaison de celui qui y existait avec la ou les substances susceptibles de fermentation. M. Gay-Lussac regarde comme prouvé que cette combinaison est favorisée par la chaleur, dont le degré doit être assez élevé et suffisamment prolongé pour détruire ou rendre concrètes la ou les substances nouvellement combinées avec l'oxygène, et qui, par suite de cette opération, perdent la propriété d'exciter la fermentation. L'absence totale de l'oxygène libre a paru à ce savant être la condition essentielle pour la conservation des matières alimentaires, et, d'après cette opinion, il pense qu'on pourrait conserver toutes sortes de fruits dans le gaz azote et dans le gaz hydrogène, pourvu que ces fruits n'eussent pas absorbé l'oxygène.

C'est probablement d'après la connaissance de l'ouvrage de M. Appert, et peut-être aussi d'après le développement de la théorie de son procédé par M. Gay-Lussac, qu'il s'est formé depuis quelque temps, en Angleterre, un établissement dans lequel on assure qu'on est parvenu à conserver les substances végétales et animales dans des boîtes ou caisses de métal de toutes dimensions.

Désirant accélérer la formation d'établissements semblables ou analogues, la Société d'encouragement propose un prix de 2000 francs qu'elle décernera à celui qui aura formé, en France, un établissement dans lequel, en employant un procédé quelconque, on pourra conserver au delà d'une année les substances animales et végétales fraîches sous un volume et un poids d'au moins 8 ou 10 kilogrammes.

La Société ne tient pas à ce qu'on suive sur une plus grande échelle le procédé de M. Appert, mais elle exige que les substances conservées possèdent les qualités et les avantages qu'on a reconnus dans celles conservées par ce procédé.

La Société exige, comme condition de rigueur, que la vente de ces objets s'élève au moins à une valeur annuelle de 20,000 francs, et que les frais de manipulation et de conservation ne montent pas à un prix tellement élevé qu'ils excluent l'emploi de ce procédé comme moyen économique et d'un usage général.

Ce prix sera décerné dans la séance générale du mois de juillet 1818.

Dans la même année, M. Bouriat fit à la Société d'encouragement, au nom du Comité des arts économiques, un rapport sur les expériences tentées par M. Rejoux, pharmacien de la marine à Rochefort, pour la dessiccation des viandes ; voici quelques détails extraits de ce rapport :

Un morceau de bœuf desséché à une haute température, en janvier 1817, et enduit de gélatine comme le recommande M. Cazalet, s'est parfaitement conservé ; il a fourni un bon bouillon, mais le bouilli était dur et presque sans saveur.

Une autre tranche de bœuf desséchée à diverses reprises, et à peu près comme l'indique M. Hoschet de Halleuser Saale dans l'essai dont nous avons parlé, s'est bien conservée sans addition d'aucune substance étrangère, et sans avoir pris aucune précaution pour la défendre de l'influence de l'air et de la chaleur; le bouillon qu'elle a produit après l'avoir fait macérer dans l'eau avant de la faire bouillir était bon et agréable. Cette viande avait passablement renflé, mais n'avait pas encore atteint la souplesse qu'on désire trouver au bouilli; cet inconvénient est d'autant plus à regretter, que l'auteur atteste que cette préparation peut facilement s'exécuter dans tous les ports de mer.

Le rapporteur fait connaître que le mouton n'offre pas par ce mode de conservation un résultat semblable; car le bouillon fait avec le gigot envoyé par l'auteur avait une saveur désagréable, la viande était cependant bonne et savoureuse: il pense que pendant ou après la dessiccation la graisse du mouton s'altère et nuit au bouillon.

M. Rejoux a fait des expériences pour conserver de la viande fraîche à l'aide du charbon: pour cela il a saupoudré un morceau de bœuf de 4 à 5 kilogrammes avec du charbon et du sulfate d'alumine pulvérisés; il a placé cette viande dans une caisse entre deux couches de poudre de charbon, et on l'a laissée en contact dans la caisse fermée hermétiquement et lutée pendant un mois. Au bout de ce laps de temps la viande avait conservé le même aspect, elle ne présentait à la vue aucun signe indiquant de l'altération; mais il fut impossible après la cuisson de la manger.

Les expériences de M. Rejoux, dit le rapporteur, et les pièces authentiques le démontrent, ont été faites avant celles de MM. Hoschet de Halleuser Saale.

M. Bouriat fait connaître que M. de Lareinty, intendant de la marine à cette époque à Rochefort, a procuré à M. Rejoux toutes les facilités nécessaires pour la préparation et l'embarcation de ses viandes. Ce fonctionnaire avait pressenti les intentions de M. le ministre de la marine, qui depuis les a fait connaître aux concurrents de la Société d'encouragement et aux employés de la marine.

M. Rejoux avait aussi envoyé à la Société d'encouragement

des tablettes de gélatine parfaitement sèches et conservées, ayant au plus haut degré la saveur des légumes qui étaient entrés dans leur composition ; celles préparées à l'oseille jouissaient de l'acidité de cette plante, lorsqu'on les faisait dissoudre dans l'eau bouillante.

M. Rejoûx, dans son travail, établit qu'il semble qu'une dessiccation lente et bien ménagée donne une viande facile à conserver, qui, à la cuisson, reprend passablement de volume et fournit un bouillon agréable et nourrissant.

Le 24 mars 1819, M. Bouriat fit un nouveau rapport sur les viandes conservées par la méthode d'Appert : nous allons donner un extrait de ce rapport qui présente un vif intérêt.

M. Bouriat rappelle qu'en 1809, il avait fait connaître le procédé d'Appert, mais qu'il conseillait à cet industriel la substitution, aux vases de petites dimensions et en matériaux fragiles, de vases d'une plus grande capacité et de nature métallique.

Appert, dit-il, se proposait de suivre ce conseil, mais il fut devancé par les Anglais, qui établirent des vases de fer étamés pour la conservation des viandes, et obtinrent une réussite complète ; de telle sorte que, depuis quelques années, dans les navires destinés à faire de longs voyages, on n'oublie pas de faire provision de ces viandes ainsi conservées, afin d'avoir, dans tous les moments où l'on en a besoin, une certaine quantité d'aliments cuits, assaisonnés, et plus agréables à manger.

M. Bouriat rappelle que Cadet-Gassicourt avait présenté à la Société, en 1818, deux de ces boîtes rapportées de Londres, et que la Société, après les avoir gardées un certain temps, les fit ouvrir, et qu'elle reconnut que les viandes qu'elles contenaient étaient dans le meilleur état de conservation. Ces boîtes renfermaient du bœuf, du veau, entourés d'une gelée de très bon goût.

Le savant rapporteur décrit ensuite la forme des vases et le mode de les faire (1).

(1) Voici ce que disait Bouriat :

« La forme des vases est cylindrique; ils ont environ 3 pouces et demi de haut sur 3 pouces de diamètre ; le fond et le couvercle sont parfaitement soudés ; on pratique à ce dernier une petite ouverture d'environ 6 lignes de diamètre, qu'on bouche ensuite avec un obturateur de même métal, lequel est lui-même percé au centre d'un trou d'épingle et déprimé dans cet endroit. Un anneau de fil de fer soudé sur le milieu du couvercle est destiné à suspendre la boîte si on le désire. Voilà tout ce qui constitue celles qui nous ont été remises. Elles sont recouvertes d'un vernis gras. Passons maintenant à l'usage qu'on en fait pour conserver des substances animales. On commence par cuire à moitié les viandes, on les place encore chaudes dans ces boîtes, et par-dessus on adapte le couvercle qu'on soude à l'étain avec la plus grande exactitude, pour qu'il ne reste aucune issue à l'air ; c'est de la soudure que dépend, en grande partie, le succès de l'opération, comme il est aisé de s'en convaincre par ce qui suit. Lorsque le fond du vase et le couvercle sont bien lutés, on verse dans les boîtes le jus, la gélatine ou la sauce par la petite ouverture pratiquée au couvercle. On les remplit le plus possible, et dans cet état, on les porte à l'étuve chauffée à 40 degrés; on les y laisse jusqu'à ce qu'elles aient acquis la même température que l'étuve dans toutes leurs parties. On les y maintient même encore après, afin de les priver de tout l'air qu'elles pourraient encore contenir.

» C'est alors qu'en les retirant de l'étuve successivement, on s'empresse de les clore à l'aide de l'obturateur dont nous avons parlé, et qui, comme on l'a vu, est perforé au milieu d'un très petit trou destiné sans doute à laisser dégager l'odeur de la résine employée pour le souder, et à raréfier la petite portion d'air qui se trouve entre le liquide et l'obturateur, par la chaleur qui se dégage pendant cette opération. Il est ensuite bouché lui-même et recouvert d'étain.

» Lorsque tout est ainsi disposé, on place les vases dans une chaudière d'eau ; on chauffe jusqu'à l'ébullition, et on les maintient à cette température pendant plusieurs heures, comme le recommande M. Appert. On les retire ensuite, et lorsqu'elles sont refroidies, il est facile de reconnaître celles qui doivent bien conserver les viandes : leur couvercle se déprime sensiblement, ce qui annonce qu'elles sont privées d'air ; les autres, au contraire, seront dessoudées ; on en retire les viandes pour les placer dans d'autres boîtes, où elles subissent une nouvelle opération.

» Lorsque les boîtes ont atteint le degré de perfection désiré, on les enduit d'un vernis gras, et dans cet état elles se conservent longtemps.

En 1819, M. Goerg, professeur à Leipzig, a fait connaître les expériences qu'il avait faites pour établir que le vinaigre de bois, l'acide pyroligneux, jouit de la propriété de s'opposer à la putréfaction animale.

Celles que nous avons examinées sont des plus petites ; il en existe qui contiennent jusqu'à 60 livres de viande.

« Après avoir examiné dans tous leurs détails et apprécié le mérite des procédés employés en Angleterre pour conserver les viandes, votre comité a fixé son attention sur les substances alimentaires préparées depuis quelques années par M. Appert. Il aurait désiré aussi vous parler de celles qui se préparent dans plusieurs de nos ports de mer ; mais il n'a pu s'en procurer des échantillons.

» Admis dans les ateliers de M. Appert, nous avons vu les moyens qu'il emploie ; ils sont presque semblables en tout point à ceux que nous venons d'indiquer ; seulement, lorsqu'il veut conserver, sans addition d'aucun liquide, des viandes aux truffes, du bœuf, du veau ou du mouton rôti, il élève la température de son étuve jusqu'à 60 degrés, afin de dilater davantage l'air contenu dans les vases.

» Il nous a engagés à essayer deux de ses boîtes, dont l'une contenait du veau, du poulet et du bœuf ; l'autre quatre perdrix, en nous annonçant qu'elles étaient depuis trois mois dans son magasin. Nous avons encore attendu deux mois avant d'en faire l'ouverture. C'est dans le local même de la Société qu'elle a eu lieu, en présence de plusieurs membres de divers comités. Le bœuf, le veau et le poulet étaient parfaitement conservés ; on ne pouvait y trouver aucune différence avec un mets semblable, préparé le jour même dans nos cuisines par les moyens ordinaires. Les perdrix avaient la saveur et le fumet dont elles jouissaient au moment où on les a introduites dans la boîte ; mais ce qui est à remarquer, c'est que la viande, dans ce mode de préparation, se comporte bien différemment des légumes ; ceux-là demandent à être mangés presque aussitôt qu'ils sont tirés du vase ; la viande, au contraire, peut être employée plusieurs jours après, sans rien perdre de sa qualité.

» Nous avons fait une expérience comparative avec un morceau de bœuf cuit la veille dans un vase ordinaire ; il a été altéré deux jours plus tôt que celui de M. Appert, c'est-à-dire que l'un s'est conservé huit jours et l'autre dix, à une température moyenne de 5 degrés.

» M. Appert fournit à l'étranger, aux colonies même, des productions presque particulières à la France, ou dont les qualités sont supérieures à celles qui croissent partout ailleurs. Il met par là les différents peuples à portée de savourer avec délices les dindes aux truffes, les perdreaux rouges, les grives, les pâtés de foie gras, etc. Les habitants même de la

Il dit qu'il a constaté cette propriété en mettant en contact avec cet acide des débris anatomiques provenant de l'école d'accouchement. Ces débris furent préservés de la putréfaction.

M. Goerg dit encore : 1° que des morceaux de chair presque corrompus par la putréfaction, après avoir été humectés par de l'huile empyreumatique obtenue de la distillation du bois, ont perdu leur odeur putride et ont pu être desséchés et devenir durs comme du bois sans avoir d'odeur infecte; 2° qu'il a employé ce moyen sur quelques animaux pour les amener à l'état de momies.

En 1820, M. Quinton, qui avait formé à Bordeaux un établissement pour la conservation des viandes, présentait à la Société d'encouragement ses produits, consistant : 1° en une boîte contenant du bœuf cuit, du bouillon et des légumes ayant dix-huit mois de conservation, ce qui est attesté par M. Gourques, maire de Bordeaux ; 2° du bœuf conservé dans

France peuvent prolonger toute l'année des jouissances qu'une seule saison leur procure.

» Enfin, avec le temps et les perfectionnements, nous espérons voir se réaliser l'idée que nous avons émise, que tous les pays du monde puissent jouir des productions particulières à chacun d'eux; et, sous ce rapport, la France, qui a le moins à désirer et le plus à offrir, ne peut que gagner à cet échange.

» Déjà, en consultant le tarif des viandes ainsi conservées à Londres, et celui qu'a fait imprimer M. Appert, on aperçoit une chance en notre faveur. Il offre à 1 fr. 75 cent. ce qui se vend 3 francs en Angleterre. Il nous a même assuré qu'en travaillant en grand sur la viande des gros animaux, comme le bœuf et le veau, il en fixerait le prix à 1 fr. 25 cent. le demi-kilogramme, sans aucun os, mais le poids du vase compris. Ce vase est très léger.

» D'après ces considérations, votre comité des arts économiques vous propose de faire connaître ce mode de conservation afin de mettre les artistes à portée de le perfectionner encore, et de déterminer davantage les consommateurs à récompenser leurs travaux en faisant usage des produits. »

Adopté en séance le 24 mars 1819.

Signé Bouriat, *rapporteur.*

une bouteille de verre : ce bœuf était entouré de gelée ; 3° une boîte contenant une espèce de hachis enduit de graisse, que l'auteur avait désigné par le nom d'*extrait de légumes de France*. Ce hachis, à la dose de 64 grammes, ajouté à un demi-litre d'eau, fournissait un potage ayant une saveur prononcée de légumes ; mais ce potage (*ce bouillon*) était blanc, opaque, peu corsé, et cependant, selon l'auteur, était très estimé des marins, à cause de sa saveur de légumes nouvellement récoltés.

Outre ces produits, une bouteille contenant du bouillon ; mais il était acide, et tout portait à croire que le vase avait été mal fermé.

La valeur des produits de M. Quinton était attestée : 1° par un certificat de M. *Balugerie junior*, qui établit qu'on en a fait usage dans les mers des Indes, et qu'ils étaient parfaitement conservés ; 2° par une attestation du capitaine Turner (Américain), qui constate que les comestibles achetés à M. Quinton, à Bordeaux, viandes, légumes, lait, coulis de tomates, etc., ont été consommés en partie à la Nouvelle-Orléans, et qu'il a employé ce qui lui restait pendant son retour en France ; ils n'avaient rien perdu de leurs qualités.

M. Maillet, capitaine de la *Sophie*, de retour des Indes orientales, M. Boch, commandant le *Titus*, qui revenait du Bengale, établissent les mêmes faits. Ce dernier, M. Boch, dit en outre que les produits achetés chez M. Quinton lui ont été extrêmement utiles pendant son voyage, et qu'en revenant, la portion de viande qui lui restait a puissamment contribué au rétablissement de ses malades, en raison de ses bonnes qualités ; il ajoute qu'ayant embarqué des volailles cuites, conservées dans des boîtes, il a évité l'encombrement des cages et des grains que nécessitent celles qu'on met vivantes sur le vaisseau, et les soins qu'elles demandent pendant la traversée pour leur nourriture.

Les prix de M. Quinton étaient moitié moindres des prix

auxquels étaient vendues les conserves préparées en Angleterre.

M. Appert, à la même époque, avait aussi présenté des viandes conservées, de l'*aloyau choisi*, du *gigot à l'eau*, des *dindes aux truffes*. M. Appert établissait que ces conserves étaient vendues à un prix moindre que les prix fixés par les industriels de la Grande-Bretagne pour des produits analogues.

La Société, ne trouvant pas que les concurrents eussent encore atteint le but proposé par son programme, décerna cependant à MM. Quinton et Appert des médailles d'or (1).

En 1821, M. Bottscher, pharmacien à Meuslwitz, près Altenbourg (Saxe), a fait connaître un nouveau procédé pour conserver les viandes, en faisant usage de la suie de cheminée. Voici son procédé :

La viande à conserver est d'abord imprégnée de sel ordinaire, puis humectée pendant quarante-huit heures avec la dissolution saline, et ensuite essuyée avec un linge.

Cinq cents grammes de suie provenant d'une cheminée où l'on ne brûle que du bois suffisent pour conserver 1500 grammes de bœuf. A cet effet, on met la suie dans un vase, avec 4 litres d'eau. On laisse en macération pendant vingt-quatre heures, en remuant de temps en temps ; on décante, ou mieux on filtre l'eau, qui s'est chargée d'environ un vingt-cinquième du poids de la suie; on y plonge la viande pendant une demi-heure ; on retire ensuite cette viande, on la fait sécher à l'air, et on la conserve à volonté.

Selon M. Bottscher, cette viande, conservée pendant six semaines et plus, ne perd pas de sa saveur.

En 1824, M. Bouriat fit connaître de nouveaux faits à la Société ; ainsi il dit avoir vu du lait conservé pendant sept

(1) M. Appert avait déjà été récompensé; en effet, M. le ministre de l'intérieur accorda, après avoir fait faire des expériences, une somme de 12,000 fr. à cet industriel.

ans sans altération. Ce lait avait été adressé à J. Banks, président de la Société royale de Londres.

Dans la même année 1824, M. Appert présenta de nouveau ces produits à la Société d'encouragement; et M. Collin, de Nantes, concourut pour la première fois. M. Appert transmit à la Société deux boîtes : la première renfermait 17 kilogrammes de bœuf; la deuxième, 2 kilogrammes de gelée de viande et de volaille aromatisée. Cette gelée était destinée à remplacer les tablettes de bouillon.

Ces boîtes furent ouvertes le 15 mars 1824 par les commissaires de la Société d'encouragement; ils constatèrent lors de ces opérations : 1° Que les substances qui y étaient contenues y avaient été introduites avant le 15 avril 1822, ce qui donne à peu près deux années de séjour; 2° qu'elles avaient été embarquées sur la corvette de Sa Majesté *le Lybio*, le 22 septembre 1822 ; 3° que, lors de l'ouverture des boîtes, qui fut faite en présence de M. le capitaine de vaisseau Freycinet, on entendit un léger sifflement, qui démontrait qu'il y avait un vide dans ces boîtes et que l'air y était entré avec rapidité; 4° que, lorsque le couvercle fut enlevé, on sentit une forte odeur de viande, mais que cette odeur était moins forte quelque temps après et avait plus de suavité; 5° que cette viande avait un goût parfait; que le jus était bon et agréable, enfin, que la graisse était ferme et avait une bonne couleur.

La seconde boîte contenait de la gelée de viande et de volaille rapprochée en consistance de sirop très-épais, destinée à remplacer les tablettes de bouillon.

Cette gelée avait un petit goût, un goût de feu ; rapprochée, elle a un peu d'âcreté ; mais ce goût et cette âcreté disparaissent lorsqu'elle est étendue de la quantité d'eau nécessaire pour former un bouillon.

M. Appert fit, à cette époque, connaître qu'il vendait annuellement pour plus de 100,000 francs de viandes conservées.

M. le capitaine Freycinet déclara aussi à cette époque qu'il avait, dans ses voyages de long cours, fait usage des préparations de M. Appert, et qu'elles lui avaient été de la plus grande ressource en préservant son équipage de diverses maladies qui lui avaient fait perdre beaucoup de monde. Ce brave et savant marin exprimait les vœux les plus ardents *pour que la marine pût être mise à même de n'embarquer que des préparations semblables à la place des salaisons.*

La Société, convaincue que M. Appert avait réussi dans ses travaux pour la conservation des viandes, lui a décerné un prix de 2,000 fr. (1).

Nous avons dit que M. Collin, de Nantes, s'était aussi présenté au concours; mais la boîte qu'il avait soumise à l'examen de la commission, et qui contenait un bœuf à la mode bien préparé, excellent et bien conservé, n'avait que trois mois de conservation; de plus, elle n'avait pas été embarquée.

A la fin de 1824, ou au commencement de 1825, M. Sanson membre de la Société polytechnique de Bavière, a indiqué un procédé de préparation des viandes, de la volaille, du poisson, sans employer ni le feu ni la fumée. Le procédé de M. Sanson consistait : 1° à laver la viande, à la frotter avec un peu de salpêtre et de sel, de façon que ces sels pénétrassent bien dans l'intérieur, à l'humecter avec du vinaigre et à la couvrir avec des baies de genièvre, de l'ail coupé menu, des feuilles de laurier et quelques épices; 2° à préparer une dissolution composée pour 12 kilogrammes 1/2 de viande, de 750 grammes de muriate de soude, de 96 grammes de salpêtre, qu'on verse froid sur la viande; on doit laisser cette viande en contact avec la saumure pendant deux jours, puis la soumettre à une pression régulière, soit en la chargeant de pierres, soit en la

(1) On voit que cette société a rendu un service éminent à tous les pays, en faisant naître une industrie si utile à l'existence des hommes de mer, et en la soutenant de tous ses moyens.

plaçant sous le plateau d'une presse à vis, et laisser la viande sous cette pression pendant quinze jours.

Au sortir de la saumure, la viande, convenablement privée des ingrédients qui la recouvraient, doit être plongée dans une dissolution composée de 3 kilogrammes de sel, de 750 grammes de suie de cheminée pure et pulvérisée, et de 6 litres d'eau ; on la laisse dans ce mélange pendant huit ou neuf heures ou plus longtemps, suivant le volume de la viande ; on la retire et on la suspend dans un endroit aéré et à l'ombre.

Selon l'auteur, ce procédé peut être pratiqué dans toutes les saisons et à l'air libre ; il offre l'avantage d'être prompt, économique, et de conserver les sucs de la viande en l'empêchant de se racornir, enfin de la garantir de toute altération pendant plusieurs années en lui conservant son bon goût.

Ce procédé, comme on le voit, se rapproche de la conservation par la salaison.

A l'exposition de l'industrie en 1823, MM. Seguin frères, à Annonay, et Salmon, de Paris, avaient présenté des viandes conservées par la simple dessiccation ; mais nous n'avons trouvé nulle part la description du procédé qu'ils avaient employé.

Le 13 février 1830, M. le comte Chaptal, président de la Société d'encouragement, recevait de M. d'Haussez, ministre de la marine, une lettre par laquelle ce ministre faisait connaître tout l'intérêt qu'il prenait aux travaux sollicités par la Société d'encouragement pour la conservation des viandes, et les ordres qu'il avait donnés pour l'embarquement des viandes conservées, pour connaître les noms des vaisseaux sur lesquels les viandes en expérience seraient embarquées, le jour de leur départ, leur destination, l'époque de leur retour en France ; il s'engageait, en outre, à faire parvenir à la Société tous les renseignements qui lui seraient transmis.

M. le ministre tint parole ; car, en juin de la même année, il fit connaître à la Société les offres que lui faisait M. Picolet d'Hermillon, d'approvisionner nos colonies de viande desséchée, dont il transmettait des échantillons. M. d'Haussez faisait connaître que le département de la marine, désirant améliorer la nourriture des esclaves, s'était occupé d'introduire dans les colonies les meilleurs procédés pour la dessiccation des viandes usités en Amérique, notamment au Brésil. Les tentatives faites jusqu'alors n'ayant pas eu de résultats, le ministre établissait que l'offre de M. Picolet méritait l'attention ; aussi invitait-il la Société à examiner les produits présentés par M. Picolet et à lui faire connaître son opinion sur leur qualité. Nous n'avons pas trouvé dans les Bulletins de la Société le rapport demandé par M. le ministre ; nous ne savons donc si le procédé de M. Picolet présentait quelque chose de particulier et avait de l'utilité.

En 1832, M. Wislin, pharmacien à Gray (Haute-Saône), adressa à la Société des viandes desséchées par un nouveau procédé.

En 1833, M. Charles Derosne, dans un rapport fait à la Société, lui rendait compte des mémoires qu'elle avait reçus. Nous allons faire connaître le texte de ce rapport, qui mérite de fixer l'attention. En effet, c'est l'histoire des recherches faites pour un objet utile, et le compte rendu des résultats obtenus.

Rapport sur le concours relatif à la dessiccation des viandes, par M. Ch. Derosne.

Depuis vingt ans, depuis 1813, la Société d'encouragement a maintenu au concours, pour sujet de prix, la dessiccation des viandes.

Si la Société ne s'est pas trouvée dans le cas de décerner le prix, on pouvait, pendant longtemps, en attribuer la cause au petit nombre des concurrents qui s'étaient présentés ; mais la persévérance de la Société a obtenu que ce petit nombre, s'augmentant successivement, finit par devenir considérable, et qu'aujourd'hui il ne se présente pas moins de 18 concurrents.

Lorsqu'en 1813 vous mîtes ce sujet de prix au concours, en en fixant le montant à 3,000 francs, vous proposâtes des conditions beaucoup moins rigoureuses que celles voulues en 1819, époque à laquelle de 3,000 francs le prix fut porté à 5,000 francs.

Originairement vous vous étiez bornés à demander un procédé facile et économique pour dessécher les viandes, de manière qu'après une très longue traversée elles jouissent, le plus qu'il est possible, de leur saveur première. Par ces termes vagues, *le plus possible*, le programme laissait beaucoup de latitude aux juges du concours; c'est probablement après avoir senti le vague de ces expressions, qu'en 1819, en portant le prix à 5,000 francs, vous crûtes devoir imposer des conditions plus définies, et que vous exigeâtes que les viandes fussent desséchées convenablement pour reprendre, par leur coction dans l'eau, la souplesse et la saveur les plus analogues à celles du bouilli et donner un bouillon sain et agréable; vous exigeâtes encore que les capitaines de navire, les sous-officiers, et au moins six matelots de l'équipage, eussent fait usage de ces viandes après qu'elles auraient passé l'équateur.

Ces conditions étaient-elles faciles à remplir? c'est ce dont vous pourrez juger d'après l'exposé succinct de l'examen des mémoires envoyés au concours.

Il serait trop fastidieux d'entrer ici dans les détails minutieux contenus dans ces mémoires; en effet, les auteurs d'un grand nombre ont négligé de remplir les formalités exigées par votre programme: les uns ont envoyé des échantillons de viande desséchée sans donner la description des procédés employés, d'autres ont envoyé des mémoires descriptifs sans remplir les conditions exigées pour les échantillons de viande.

Ce défaut de formalités essentielles abrégera nécessairement beaucoup cet exposé. Quant aux concurrents qui ont rempli ces formalités, nous devons déclarer qu'aucun d'eux ne s'est conformé à la condition essentielle, celle de présenter des échantillons de viande bien conservée et susceptible de renfler en fournissant un bouillon sain et agréable. Tous les concurrents, sans exception, sont dans ce cas; toutes les viandes étaient attaquées par les vers ou par les mites: quelques échantillons ont paru renfler mieux que d'autres; mais la viande, après sa coction, a toujours été trouvée coriace et ayant contracté une odeur et une saveur plus ou moins désagréables.

Les concurrents dont les résultats ont été les moins mauvais sont ceux désignés suivant l'ordre de leur mérite, par leurs numéros d'inscription, 5, 8, 2 et 13; les auteurs des mémoires n°s 5 et 8 n'ont pas envoyé la description de leurs procédés; cette condition a été remplie par les auteurs des mémoires 2 et 13. Quoique les échantillons de viande envoyés par le concurrent n° 2 n'aient pas été trouvés suffisamment bons, bien que meilleurs en troisième ordre que les autres, ce concurrent toutefois nous a paru avoir bien mérité auprès de vous, messieurs, par l'heureuse idée qu'il a eue de faire sécher des pieds de veau qui se sont parfaitement conservés, et qui, employés sur mer par 18 degrés de latitude sud et 32 degrés de longitude ouest, ont été trouvés donner un aussi bon résultat que des pieds de veau frais : c'est ce qui résulte du procès-verbal dressé par les officiers et une partie de l'équipage du navire de l'État *le Lézard*, après plus d'une année de préparation et quarante-cinq jours de mer.

Les échantillons qui, aux termes du programme, ont été apportés en France ont également été trouvés en parfait état de conservation ; le procédé décrit par le concurrent est très simple, et prouve que la conservation des substances gélatineuses est bien loin de présenter les mêmes difficultés que celle de la viande ou chair musculaire. Les morceaux de viande séchés par ce concurrent, essayés à la même latitude, se sont trouvés entrer en décomposition putride avant qu'ils eussent eu le temps de renfler ; ceux qui sont revenus en France étaient attaqués par les mites et par les vers, ils exhalaient une mauvaise odeur, qui toutefois s'est beaucoup affaiblie par leur exposition à l'air. Cette viande avait conservé sa couleur dans l'intérieur des morceaux, et quelques-uns de ces derniers paraissaient encore mangeables ; mis à renfler, ils ont présenté le même inconvénient que sur mer, et ils seraient entrés en décomposition avant que le renflement ait pu avoir lieu si l'un des membres de votre comité n'eût eu l'idée d'arrêter ce commencement de putridité par l'addition d'une petite quantité de solution de chlorure de sodium. Par ce moyen on est bien parvenu à obtenir autant que possible le renflement de la viande, mais elle est restée coriace et de mauvais goût.

Le concurrent n° 13 a envoyé des échantillons sur le même navire porteur des échantillons n° 2, et qui ont été essayés le même jour que ces derniers, le 1er avril 1831. La viande était bien conservée ; elle était très sèche et avait une faible odeur de fumée ; mais on n'a pu la faire renfler dans le temps désigné, quarante-huit heures ; car, en moins de vingt-quatre heures, une odeur de putréfaction s'était déjà fait sentir. Après une coction de neuf heures, on en a obtenu un bouillon très limpide, de couleur brune, d'un goût assez agréable, différant sensiblement de celui du bœuf frais. La viande, après la cuisson, était sèche et dure, se détachant en longs filaments difficiles à mâcher et presque sans saveur.

La viande, retournée en France, a été essayée un an après celle essayée sur mer ; elle était piquée de vers et entièrement altérée, à l'exception de quelques morceaux dont le plus gros était sain, mais couvert d'une moisissure blanche.

Cette viande, essayée, a donné un bouillon passable : elle avait une bonne odeur, mais quelque chose de la viande de jambon ; elle n'a pas beaucoup renflé, et elle était un peu coriace. On a comparé la viande qui avait fait la traversée avec un morceau préparé à la même époque sous les yeux de M. Bouriat, et qui était resté à l'air libre depuis cette époque. La graisse de ce dernier morceau était encore blanche et parfaitement conservée ; la viande avait un bon aspect, mais on remarquait un commencement de piqûre de vers.

Le concurrent n° 13 avait d'abord fait un secret de son procédé, depuis il s'est décidé à le communiquer. Il est très simple, mais il paraît avoir beaucoup d'analogie avec les procédés déjà connus : il consiste plus spécialement à saisir la viande par de l'eau bouillante dans laquelle on la plonge ; puis, après l'avoir laissé se ressuyer, à la tremper dans du vinaigre, affaibli, bouillant, et ensuite à la laisser sécher à l'air sans autre précaution.

Ce mode de préparation nous indique pourquoi la viande préparée par le concurrent ne renfle pas bien. Saisie par l'eau bouillante, la partie albumineuse de la viande devient concrète, et, par suite de sa dessiccation, elle forme autour de la fibre musculaire une espèce de réseau ou d'enduit qui s'oppose à la pénétration de l'eau, et par conséquent au renflement de la viande. Cette théorie ne s'applique pas à la conservation de la graisse, et c'est pourquoi le procédé paraît très bon pour la conservation de cette partie de substance animale, et, sous ce rapport votre comité a pensé que l'auteur du mémoire n° 13 méritait d'être mentionné honorablement.

Quant aux autres concurrents, ou ils n'ont pas rempli les conditions du programme, ou leurs produits n'ont rien présenté de satisfaisant ; nous jugeons donc qu'il est inutile de vous en entretenir.

Vous pouvez déjà juger, messieurs, par ce qui précède, qu'il nous est impossible de décerner le prix à aucun des concurrents. Nous croyons toutefois que, si nous ne pouvons décerner un prix, la faute n'est pas entièrement due aux concurrents, et elle peut être rejetée sur l'exigence de votre programme, qui aujourd'hui nous paraît demander des résultats impossibles à obtenir.

Il nous est aujourd'hui démontré que, dans l'état actuel des choses, il est de toute impossibilité que le renflement des viandes puisse s'opérer, et leur souplesse première puisse être rétablie dans le court espace de temps limité par leur décomposition putride. Ainsi nous avons reconnu que, pour obtenir le renflement imparfait de morceaux il fallait au delà de quarante-huit heures, et qu'avant ce temps souvent la décomposition putride avait lieu. Comment obtenir ce renflement sous les tropiques et sous l'équateur, où l'état électrique et hygrométrique de l'air concourt, avec sa chaleur, à hâter si puissamment la décomposition des matières animales ?

Divers procès-verbaux dressés sur mer ont constaté cette difficulté, que plusieurs membres de votre comité ont reconnue eux-mêmes en se partageant plusieurs des échantillons envoyés au concours ; cependant l'un de nous, messieurs, a reconnu que cette difficulté n'était pas insurmontable, et qu'avec une très petite quantité d'une solution de chlorure de sodium on parvenait à empêcher cette décomposition : il est ainsi arrivé à faire renfler, sans décomposition et sans en altérer le goût, plusieurs morceaux de viande de grosseur médiocre, qu'il avait séchés lui-même et conservés par un procédé dont il vous donnera connaissance tout à l'heure.

La condition d'obtenir un bouillon sain et agréable et un bouilli souple et d'une bonne saveur paraît donc très difficile à obtenir. Nous nous demandons aujourd'hui si cette condition est bien essentielle, et si, en admettant que le potage soit une nourriture nécessaire au marin, il est indispensable que ce potage soit analogue au pot-au-feu de la ménagère? Cette condition, Messieurs, paraît à peu près impossible à remplir et, nous osons le dire, n'est pas aussi importante que nous avions pu le croire d'abord.

Que voulons-nous obtenir? Un aliment sain, nutritif et agréable en même temps pour les hommes de mer, enfin une meilleure nourriture que celle qu'ils sont dans l'usage de recevoir.

Est-il bien nécessaire que ce soit sous la forme de pot-au-feu que nous procurions cette nourriture au marin, et est-elle dans ses usages? Et, en admettant l'affirmative, ne peut-on pas l'amener facilement à modifier cet usage en lui donnant un potage rendu substantiel par des morceaux de viande de petite dimension, qui nageraient au milieu d'une espèce de bouillon gélatineux? Ne voyons-nous pas qu'en Angleterre, c'est plus spécialement de cette manière que sont préparés les potages qu'on sert dans les restaurants? En outre, ne peut-on pas donner au marin des ragoûts qui, par la variété de leur assaisonnement, plairaient à son goût et atteindraient le résultat désiré, c'est-à-dire une nourriture saine, agréable et variée?

Car, il ne faut pas nous le dissimuler, Messieurs, si nous renonçons à l'espoir de faire manger au marin le pot-au-feu fait avec de la viande séchée, à plus forte raison renonçons-nous à lui faire manger le rôti, genre de préparation culinaire à laquelle il nous paraît impossible d'amener jamais les viandes desséchées.

Une des grandes difficultés qu'ont rencontrées jusqu'à présent les concurrents est celle de préserver de la moisissure ou de la piqûre des insectes les viandes desséchées.

Parmi les nombreux échantillons qui nous sont parvenus, nous n'en avons pas vu un seul qui, sous ce double rapport, ne donne lieu à des reproches fondés. Il nous est démontré que, si les viandes desséchées ont moisi ou ont été piquées par les vers, ces accidents proviennent de ce que les concurrents n'ont point assez isolé leurs préparations du contact de l'air chaud et humide et des insectes qui y sont répandus sous des formes si diverses; et cependant plusieurs avaient renfermé leurs préparations dans des boîtes de fer-blanc soigneusement soudées. Ces précautions n'ont point empêché que les viandes n'aient été trouvées, en général, dans un état d'altération qui ne laissait rien de satisfaisant à la vue et à l'odorat. Probablement on aura enfermé les viandes dans des boîtes lorsque déjà des insectes avaient déposé sur leur surface les œufs qui, éclos après leur fermeture, ont donné naissance aux larves qui ont ensuite porté leur ravage sur ces mêmes viandes.

Ces mêmes précautions n'ont point empêché la formation de byssus ou moisissures sur les viandes renfermées ; ce qu'on ne peut attribuer qu'à l'humidité contenue soit dans la viande elle-même, soit dans l'air qui l'entoure de toutes parts.

Nous avons donc acquis la certitude qu'à moins de précautions toutes spéciales, ces inconvénients seraient dans le cas de se représenter.

Les expériences de l'un de nous lui ont encore donné la certitude qu'il était possible d'y remédier facilement, en renfermant ces viandes sèches dans un milieu qui ne permettrait pas aux larves de vivre, et qui absorberait lui-même l'humidité qui pourrait se trouver dans le peu d'air existant lors de la fermeture de la boîte, ou même celle qui pourrait être encore contenue dans les viandes incomplétement séchées : ce milieu n'est autre chose que le charbon très divisé, soit pur, soit combiné avec les substances terreuses, tel qu'il se trouve dans le noir animal ordinaire, dans les noirs schisteux de Menat, ou dans les noirs terreux faits artificiellement. Les expériences dont nous parlons ont été faites avec le noir schisteux de Menat, qui, par ses propriétés absorbantes de l'humidité, paraît de beaucoup l'emporter sur le noir animal et sur le charbon végétal réduit en poudre impalpable.

Des viandes ont été complétement séchées dans l'hiver de 1831 à 1382 sans l'emploi de la chaleur, et en les mettant simplement en contact avec du noir de Menat très sec et réduit en poudre impalpable. On s'est borné à renouveler les couches charbonneuses au fur et à mesure que, dans les premiers jours, elles se trouvaient saturées d'humidité.

Par ce procédé simple, on a amené facilement à l'état complétement sec des viandes qui, originairement, contenaient 62 et 63 pour 100 d'humidité; on les a rendues aussi sonores que du bois. Conservées dans cette même poudre de charbon très divisée, ces viandes, au bout de dix-huit mois, n'offraient pas la moindre trace de moisissure ni de piqûre de vers; elles ont, comme les échantillons des concurrents, exigé beaucoup de temps pour renfler dans l'eau, et leur décomposition s'est annoncée avant que ce renflement ait été complet. C'est ce grave inconvénient qui a suscité l'idée d'employer une faible quantité de dissolution de chlorure de sodium, qui, en se convertissant en hydrochlorate de soude, a détruit le commencement de fermentation putride et a permis à la viande de se saturer d'eau pour arriver à un renflement suffisant pour permettre de la couper par tranches minces, et d'en faire des émincées susceptibles de former toutes sortes de ragoûts.

Ces viandes, réduites à l'état de tranches minces et mises en contact avec de l'eau et des assaisonnements convenables, ont fourni un bouillon d'une saveur agréable, mais participant de la saveur du bouillon fait avec le petit-salé ou la viande rôtie. La viande a pris, par sa décoction dans l'eau, une sorte de fermeté très analogue à celle de la viande fraîche, qui avait été réduite également en tranches minces avant de la soumettre à la décoction dans l'eau; sa saveur n'était pas positivement la même, elle a donné lieu à diverses opinions sur la préférence à donner.

D'après ce qui vient d'être exposé, nous regardons donc aujourd'hui comme certaine la possibilité de mettre les marins à même de consommer les viandes desséchées, ayant pour eux tous les avantages qu'on peut désirer, c'est-à-dire une saveur agréable et des propriétés aussi grandes que celles de la viande fraîche.

Nous ne pensons pas qu'au point où nous sommes arrivés, et après vingt ans de persévérance, il soit convenable de proroger davantage le prix pour la dessiccation des viandes. Les procédés proposés par plusieurs concurrents sont plus ou moins bons; ils n'ont pas obtenu de succès parce que les moyens de conservation étaient vicieux, et que les viandes ont été altérées par les insectes et la moisissure. Le procédé de dessiccation par le charbon sec et très divisé est certain, et donne la facilité d'avoir des viandes sèches à toutes les époques de l'année. Ce même moyen, appliqué à la conservation des viandes, paraît infaillible en prenant les précautions d'enfermer ces viandes avec du charbon très sec et bien tassé dans des caisses de métal ou même de bois bien sec et verni à l'intérieur.

Quant au renflement des viandes, il faut que nous renoncions à l'espérance d'avoir, par ce moyen, des morceaux d'une grosseur analogue à ceux qu'on voit sur nos tables. Contentons-nous d'offrir aux marins une nourriture substantielle et plus agréable que les viandes salées, qui sont les seules que jusqu'à présent ils consomment, et nous atteindrons ce but en leur donnant le moyen de manger des viandes qui, amenées à un certain état de division pourront se prêter à toutes les modifications d'une cuisine assez variée.

Nous avons d'ailleurs l'espoir très fondé que, prochainement, on pourra employer à la conservation des substances animales le procédé ingénieux de M. Appert, mais débarrassé de toutes les entraves qui jusqu'à présent ont empêché ce procédé de devenir d'une application générale et économique, et par conséquent de l'utiliser pour la nourriture des équipages de mer.

D'après l'ensemble de ce qui précède, nous vous proposons :

1° D'accorder une médaille d'encouragement en argent au concurrent n° 2, M. Dechéneau, professeur de chimie au collége de Sorèze, pour l'heureuse idée qu'il a eue de sécher les matières essentiellement gélatineuses, telles que les pieds de veau, et d'avoir ainsi mis les marins à même de consommer une substance nourrissante et agréable que, jusqu'à présent, on n'avait pas songé à dessécher ;

2° De mentionner honorablement le concurrent n° 13, M. Murloye, pour avoir démontré qu'il était possible de conserver la graisse des animaux sans altération, par un procédé très simple, qui, sans être entièrement neuf, n'avait pas encore reçu cette application ;

3° De retirer du concours le prix pour la dessiccation des viandes, nous réservant de vous proposer ultérieurement une prime d'encouragement pour ceux qui auront offert à la consommation de la marine des viandes desséchées, pouvant ainsi remplacer les viandes salées, ou au moins offrir une variété de nourriture à cette partie intéressante de la population.

Approuvé en séance générale, le 24 décembre 1833,

Signé : CH. DEROSNE, *rapporteur*.

On aurait pu croire, après avoir lu le rapport de M. Derosne, que la Société n'avait plus eu à s'occuper de la conservation des viandes ; il n'en a pas été ainsi. Un appel avait été fait, les communications continuèrent d'arriver à la Société. Nous allons indiquer ici la nature de ces communications.

En 1835, M. Guépin, de Nantes, fit connaître qu'il était parvenu à conserver les viandes au moyen du deutoxyde d'azote, ce gaz absorbant tout l'oxygène des vases dans lesquels on place la viande à conserver.

M. Colin, de la même ville, a fait connaître les expériences qu'il a faites, et qui confirment l'efficacité de ce procédé. Il dit : 1° qu'un pigeon, placé dans un bocal contenant de ce gaz, avait été examiné au bout de quarante-huit jours, après ce laps de temps, la viande était très belle et saine, quoique le premier jour il y ait eu un orage ; 2° que des poissons, conservés par le même gaz, n'avaient encore, après six semaines, subi aucune altération.

Le procédé à mettre en pratique est le suivant :

1° Placer la viande dans un vase, un bocal par exemple, de

manière qu'elle soit suspendue et exposée à l'air de tous les côtés ;

2° Fermer hermétiquement le bocal en ménageant dans le bouchon une ouverture qu'on puisse fermer à volonté (1). Cette ouverture est destinée à laisser passer le tube d'un appareil destiné à fournir le deutoxyde d'azote ;

3° Introduire dans une fiole munie d'un tube recourbé, assez long pour que la branche de ce tube, qui doit être introduite dans le flacon, puisse plonger jusqu'au fond du flacon, du mercure et de l'acide nitrique pour la production du deutoxyde d'azote ;

4° Déterminer la production du gaz et son dégagement jusqu'à ce qu'on ait un excès de gaz dans le flacon, fermer hermétiquement le flacon.

Selon les auteurs, les viandes conservées par ce mode de faire ne prennent aucun mauvais goût, elles ne perdent pas de leurs qualités.

En 1836, M. le capitaine John Ross, navigateur célèbre, présenta à la Société d'encouragement une boîte en fer-blanc renfermant de la viande conservée; le capitaine rapportait cette boîte du cap Fury, par 72°47′ latitude nord et 90 degrés longitude ouest de Greenwich, où elle avait été déposée par le capitaine Parry, en août 1824 ; la viande qu'elle renfermait avait été préparée par Gamble et Donkin, à Londres, vers l'année 1820. Cette boîte après avoir fait le voyage des Antilles, fut exposée au climat des régions arctiques pendant huit années, ayant été rapportée en 1832.

M. le capitaine Ross fait remarquer que cette boîte présente des bosselures, des concavités ; il les considère comme un indice de la parfaite conservation des aliments qu'elle renferme ; il dit qu'on a remarqué que, quand les boîtes présentent des apparences contraires, de la convexité par exemple, c'est

(1) On conçoit que l'ouverture pratiquée dans le bouchon fermant le bocal peut être obturée par un autre petit bouchon.

un indice que les aliments contenus dans ces boîtes sont gâtés.

A l'occasion de cette communication plusieurs membres firent observer que le procédé mis en pratique par MM. Gamble et Donkin n'était pas nouveau, que ce procédé était celui d'Appert.

L'un de nous (M. Chevallier père), dans la séance du 30 mars 1836, au nom du comité des actes chimiques et économiques, faisait connaître les résultats constatés lors de l'ouverture de la boîte offerte par M. le capitaine John Ross et tirée par lui en 1832 du navire *le Fury*, naufragé dans les mers polaires. A l'ouverture on reconnut : 1° que les viandes renfermées dans la boîte depuis seize ans présentaient le plus bel aspect ; 2° qu'elles n'avaient rien perdu de leur saveur ; 3° qu'elles étaient dans le meilleur état de conservation ; 4° que ces viandes, dix jours après avoir été enlevées de la boîte, étaient encore susceptibles d'être mangées.

En mai 1841, feu Gannal proposa d'appliquer, pour conserver les viandes alimentaires, la méthode d'injection qu'il mettait en usage pour la conservation des cadavres. Voici le procédé qu'il proposait.

Lorsque l'animal est abattu par un coup sur le front, on lui ouvre la carotide et la jugulaire d'un côté, en faisant une incision depuis le larynx jusqu'au-dessous des deux vaisseaux que l'on vient de désigner ; puis, par un mouvement brusque, on soulève l'instrument tranchant qui sectionne toutes ces parties et permet au sang de s'échapper en totalité. Quand le sang a cessé de couler, on introduit de haut en bas un siphon dans la carotide, on fait une ligature à la partie supérieure pour éviter l'écoulement du liquide, on fait la ligature des deux ouvertures de la jugulaire, puis on introduit l'injection composée d'une dissolution de chlorure d'aluminium marquant 10 degrés à l'aréomètre de Baumé. Un kilogramme de ce sel suffit pour 6 litres d'eau, il faut de 9 à 10 litres de ce liquide pour la conservation d'un bœuf.

L'instrument le plus convenable pour l'injection est un tube de toile imperméable de 2 mètres de longueur, 3 centimètres de diamètre au bas, et 5 à 6 centimètres en haut, lequel tube doit être fixé au siphon, qui est en bois ou en corne.

Aussitôt qu'on s'aperçoit que l'animal est bien injecté, c'est-à-dire quand il n'entre plus de liquide, d'une part, et que de l'autre on voit les veines sous-cutanées bien gonflées, on serre le tube entre les deux doigts et avec une légère pression, on descend le long de la colonne : par ce moyen on peut augmenter la quantité du liquide dans l'intérieur du col de l'animal ; enfin on fait une ligature au-dessous du siphon, puis on le retire ; vingt minutes après cette opération on écorche l'animal, puis on le vide et on le divise par les procédés ordinaires ; mais on n'a plus besoin d'enlever les os et la graisse comme dans les procédés de salaison.

Lorsque l'animal est divisé et étalé à l'air, on laisse la chair pendant un temps suffisant pour qu'elle puisse refroidir ; la seule précaution à prendre, c'est d'éviter que les mouches puissent arriver sur cette viande.

D'après M. Gannal, de la viande ainsi préparée et qu'on veut conserver pendant un certain laps de temps, n'exige pas d'autre opération : il suffit de la pendre dans un endroit sec et aéré ; quand on veut la garder plus d'une quinzaine de jours il faut la laver dans un bain composé d'une solution de chlorure de sodium à 10 degrés et d'une solution de chlorure d'aluminium ; lorsque le lavage est terminé, on applique la viande à sa destination.

Gannal disait, en outre, que lorsqu'on voulait conserver de la viande fraîche, on l'empilait dans des barriques contenant une solution saturée de chlorure de sodium, puis qu'on fermait ces barriques ; mais ce procédé se rapporte aux procédés de salaison.

En 1842, le 4 mai, Dizé, qui fut le collaborateur de Leblanc à qui on doit la découverte des moyens de fabriquer la soude factice, découverte qui a été aussi attribuée à Dizé, lisait à la Société d'encouragement le travail suivant qui, comme on le verra, est d'une haute importance.

Note sur un procédé pour conserver la viande de bœuf, de mouton et de porc par la dessiccation, par M. Dizé (1).

La viande fraîche exige une préparation préliminaire pour lui enlever l'humidité qu'elle renferme dans son état de fraîcheur, à une température au-dessous de cent degrés centigrades.

Cette préparation préliminaire de la viande est très simple ; elle consiste à mettre la viande fraîche dans un vase avec une quantité d'eau suffisante pour la faire bouillir pendant vingt-cinq à trente minutes, et en séparer la lymphe, qui à ce degré de chaleur se coagule à la surface de l'eau, et qu'on nomme communément l'écume du pot. On retire ensuite la viande pour la faire égoutter pendant douze heures à l'air sur une claie d'osier, et on la place dans une étuve dont la température doit être élevée de 50° à 70° centigrades jusqu'à parfaite dessiccation. Je dois faire observer qu'il est très important de maintenir la température de l'étuve, afin d'opérer la dessiccation sans interruption du centre de la viande à sa surface, et de prévenir ainsi la moindre altération qui pourrait se manifester dans son intérieur.

Observations. — Le muscle de bœuf perd, par l'ébullition dans l'eau, 25 p. 100 de son poids, sa couleur rouge est flétrie, son volume sensiblement diminué ; il a acquis de la fermeté. L'eau provenant de cette décoction, après avoir été bien épurée des écumes et évaporée au bain-marie, laisse un résidu coloré, solide, pesant 1 1/2 p. 100 du poids primitif de la viande. On doit conclure de ce résultat que 100 parties de viande, quoiqu'ayant diminué de 25 p. 100 de l'eau bouillante, n'ont perdu que 1 1/2 p. 100 de substance solide et nutritive, et que le surplus de la perte est représenté par la quantité d'eau que 100 parties de viande ont rendue en prenant du retrait dans l'eau bouillante. Cette perte est presque toujours variable, en raison de ce que l'animal a été plus ou moins saigné.

Il convient de faire entrer en ligne de compte les 25 p. 100 que perd la viande avec ce qu'elle perd par la dessiccation. En conséquence, 100 parties de muscle de bœuf étant réduites à 45,50 cent. de viande desséchée, cette perte se compose, savoir :

(1) Cette note a été lue dans la séance du conseil d'administration du 4 mai 1842.

1° De 25 » d'eau soustraite par la décoction préliminaire;
2° De 1 50 de substance nutritive que cette eau a dissoute;
3° De 28 » perte d'eau par la dessiccation;
4° De 45 50 de viande desséchée.

100 » poids égal à celui de la viande fraîche; on voit qu'elle est réduite de 100 parties à 45,50.

Le retrait qu'elle éprouve par l'ébullition préliminaire est très important pour obtenir une dessiccation prompte, facile et égale dans toute la masse, attendu que l'action du retrait que l'eau bouillante lui imprime lui fait abandonner d'abord 25 p. 100 d'eau et la dispose à perdre promptement le reste de l'humidité avec plus de facilité que ne le ferait la viande fraîche qui n'aurait pas subi le degré de l'eau bouillante; par ce moyen aussi elle se trouve privée de la partie lymphatique, matière qui contribue la première à la décomposition. J'ai dû à cette observation importante la facilité de pouvoir dessécher la viande avec promptitude, sans craindre aucune altération intérieure pendant la dessiccation.

On n'ignore point que les sauvages conservent la viande par dessiccation en l'exposant à un grand courant d'air; cette méthode est pratiquée, au besoin, par les équipages maritimes, mais la dessiccation n'est pas toujours assez prompte pour soustraire la viande à quelque altération.

J'ai desséché des viandes fraîches en les exposant suspendues au-dessus d'une surface d'acide sulfurique concentré à 66° Réaumur, le tout placé dans une caisse de plomb close hermétiquement. Une bougie allumée était placée dans l'intérieur pour brûler l'oxygène de l'air et laisser la viande dans un milieu de gaz azote et d'une petite portion de gaz acide carbonique. La dessiccation fut complète en huit jours à une température dont la moyenne fut de 11° Réaumur.

Je joins à la description de mon procédé un échantillon de viande desséchée de bœuf, de cette même viande réduite en poudre et provenant du procédé que je viens de décrire.

C'est par la même méthode de dessiccation que fut préparée la viande trouvée dans le cabinet de feu M. d'Arcet, à la Monnaie, et qui fut l'objet d'un rapport favorable sur la parfaite conservation de cette viande et sur la bonne qualité du potage qu'elle fournit; mais comme c'est par erreur qu'on l'a attribuée à feu Villaris, pharmacien à Bordeaux, je viens la revendiquer comme étant ma propriété.

Je regrette de n'avoir point eu connaissance de cette erreur; je me serais empressé d'offrir à la Société d'encouragement des renseignements exacts sur les rapports de Villaris avec M. d'Arcet père, au sujet de la dessiccation de la viande, et en même temps sur ce qui me concerne pour la suite que j'ai donnée au procédé et à la réclamation dont il est question, et que j'appuie sur les faits suivants :

Il est certain que Villaris a été en France le premier qui a eu l'idée de conserver la viande par dessiccation. Je puis assurer que M. d'Arcet avait connu les préparations faites par Villaris, qu'il en parlait dans ses leçons au Collége de France, et qu'à ce sujet il racontait combien Villaris avait eu à se plaindre des agents de l'autorité chargés de traiter du procédé (1).

En 1784, époque à laquelle M. d'Arcet me confia la préparation du cours de chimie au collége de France, en remplacement de Bertrand Pelletier, il ne restait plus de viande desséchée par Vilaris; seulement du bouillon et de la graisse conservés en bon état, que j'y laissai en 1790.

Vers ce temps il fut question de récompenser les savants et les artistes qui s'étaient fait remarquer par des découvertes utiles. M. d'Arcet, membre de la commission chargée de les apprécier, n'oublia pas Villaris. Un voyage que je fis dans le Midi me forçant de passer par Bordeaux, d'Arcet me chargea d'une lettre pour Villaris, en l'engageant à publier son procédé et l'assurant qu'il solliciterait pour lui une récompense nationale.

Je remis la lettre à son adresse; mais quel fut mon étonnement de trouver Villaris dans des dispositions opposées aux offres de M. d'Arcet! Loin de les accueillir et, quoique pénétré de son souvenir bienveillant, il les refusa avec l'expression d'une âme encore vivement ulcérée de l'injustice qu'il avait jadis éprouvée. Je le priai de réfléchir sur son refus, dont les conséquences seraient la perte d'une occasion aussi favorable à un dédommagement des sacrifices qu'il avait faits et pour l'obtention d'une récompense toujours flatteuse de la reconnaissance publique. La réponse de Villaris fut « qu'il préférerait se brûler la cervelle plutôt que de divulguer la moindre chose sur sa méthode de conserver la viande. » Lorsque je revins à Bordeaux, je me présentai chez Villaris ; sa sœur m'annonça son décès et me donna l'assurance qu'on n'avait trouvé dans ses papiers rien qui eût le moindre rapport avec ses travaux sur la conservation des viandes, et qu'il ne restait aucune trace de ses appareils.

D'Arcet fut très affligé de l'insuccès de ma démarche et de la

(1) M. le duc de Richelieu était gouverneur de Bordeaux lorsque Villaris parvint à conserver non-seulement la viande de bœuf, mais encore la graisse et le bouillon de la viande. Ces préparations subirent avec succès l'épreuve d'un voyage au long cours. Mais, lorsqu'il fut question de traiter de la valeur du procédé, la plus faible partie de la somme estimative devait être la part de Villaris. Ce partage du lion ne convint point au propriétaire doué d'un caractère très franc. La proposition n'eut point de suite.

mort de l'auteur du procédé; mais son amour pour les arts utiles, auxquels il consacra une longue vie avec un zèle égal à son désintéressement, le décida à m'engager à m'occuper de la recherche du procédé de M. Villaris.

Je dois faire observer que je n'avais jamais vu de viande préparée et conservée par Villaris : le bouillon et la graisse m'étaient seulement connus.

Je dirigeai donc mes recherches d'après les renseignements que M. d'Arcet m'indiqua de souvenir.

Je commençai mes premiers essais vers la fin de 1791. Après être parvenu à quelques résultats qui obtinrent l'approbation de mon respectable maître, mes préparations furent conservées par lui pendant un an, sans la moindre altération.

Les pièces préparées se composaient de bœuf, de mouton et d'une volaille. Elles servirent à faire des pot-au-feu assaisonnés de légumes, qui fournirent un bon bouillon, à la vérité plus coloré que celui fait avec de la viande fraîche. La viande était mangeable; elle n'avait pas totalement perdu l'arome qui lui est propre après la cuisson; elle était moins tendre que la viande fraîche : la chair de la volaille partageait ces qualités, mais avec plus d'avantages.

Nous étions alors en 1794. Cette époque n'était point favorable pour fixer l'attention publique sur un objet de cette nature. M. d'Arcet me conseilla d'attendre une circonstance plus favorable; néanmoins il m'engagea à prendre une date authentique concernant les produits que j'avais obtenus. En conséquence, je publiai le résultat de mes essais dans le *Moniteur* ou *Gazette nationale*, n° 154, du 4 ventôse de l'an II de la république (22 février 1794).

Dans le cours de l'an VI (1798) je repris, à la sollicitation de M. d'Arcet, mon travail sur la dessiccation de la viande. Cette fois, je préparai 25 livres de bœuf, de mouton, de porc, de mou et de foie de bœuf. De ce second essai, M. d'Arcet conserva une pièce de bœuf desséché qui a traîné dans son cabinet des Essais, à la Monnaie, enveloppée de papier, et qu'on a mentionnée dans le programme de la Société d'encouragement : on en a préparé un pot-au-feu ou potage, qui a démontré la bonne conservation de la viande depuis l'an VI (1798) : je la revendique comme ayant été préparée par moi, et comme ayant fait partie de mon second essai.

La caisse, renfermant sous scellé les autres parties de la viande, resta chez M. d'Arcet pendant quinze mois.

Le 11 germinal de l'an VIII (1799), je m'adressai au ministre de la guerre pour lui faire part de ma méthode de préparation par dessiccation ; je lui annonçai en même temps la conservation du produit resté pendant quinze mois chez M. d'Arcet.

Par ma lettre du 12 floréal suivant, je demandai à la même autorité la nomination de commissaires pris dans la classe des sciences physiques et mathématiques de l'Institut, pour prononcer sur l'état de la viande desséchée et sur ses qualités.

MM. Fourcroy, Deyeux et Parmentier furent désignés à cet effet.

Je me plais à rappeler combien M. Deyeux mit d'obligeance à cet examen, en faisant préparer un potage et assaisonner les viandes, qui figurèrent au dîner qu'il donna aux autres commissaires, et auquel Corvisart assista par hasard. On porta sur la viande et le potage le même jugement que j'ai annoncé plus haut, à l'occasion du premier essai fait en 1791, c'est-à-dire que le potage fut trouvé bon et la viande mangeable (1).

En 1815 on annonça, dans le Programme de la Société d'encouragement pour l'industrie nationale, que la viande attribuée à Villaris, et trouvée dans le laboratoire des Essais à la Monnaie, avait dix ans de date. Villaris étant décédé en 1790, époque où il ne restait plus de viande desséchée chez M. d'Arcet, comment aurait-il pu s'en trouver au décès de M. d'Arcet, arrivé dix ans plus tard? En 1790, M. d'Arcet n'habitait pas la Monnaie : comment y aurait-il porté des préparations de viande faites par Villaris? Il n'en existait plus à Bordeaux ni à Paris. Comment M. d'Arcet, dont la délicatesse et la bonne

(1) Fourcroy, ayant fait observer qu'un dîner fait avec des viandes desséchées n'était pas trop succulent, prétendit que la viande avait peut-être perdu, dans sa préparation, une partie de sa substance nutritive, que l'autre avait été altérée par la dessiccation. Je réclamai des expériences comparatives avec de la viande fraîche, qui furent faites dans le laboratoire de l'École de médecine. Je les répétai moi-même; mes produits furent conformes à ceux que M. Deyeux avait obtenus, et l'assertion de Fourcroy fut détruite; elle devait l'être, puisque je ne soustrais, par la dessiccation, que l'eau renfermée dans la viande. Fourcroy persista, quoique Deyeux et Parmentier fussent d'une opinion contraire. Quoi qu'il en soit, il est certain que la viande desséchée ne conserve point, dans la cuisson, le moelleux de la viande fraîche.

Cependant, si un repas fait avec cette viande desséchée n'est pas, selon Fourcroy, très succulent, il peut cependant remplacer, au besoin, la viande fraîche, faute d'autre. La viande est très mangeable, l'assaisonnement avec des légumes de haut goût ajoute à ses qualités; le bouillon qu'elle fournit est bon; enfin elle est préférable, sous tous les rapports, à la viande salée comme aliment hygiénique, dans les voyages de long cours et dans les cas de guerre, dans les citadelles ou les villes assiégées. N'étant point hygrométrique, elle se conserve pendant longtemps sans altération de la substance nutritive, sauf la réduction de son volume et du poids. Puisque, en définitive, ce n'est que la viande, moins l'eau qu'elle contenait, elle doit donc être tout aussi nutritive que la viande fraîche, et bien plus commode dans le transport. La seule précaution à prendre est de l'enfermer dans des tonneaux ou caisses doublés en fer, pour la garantir de l'attaque des rats. Dans cet état, elle peut passer la ligne et résister plusieurs années aux voyages de long cours.

foi étaient généralement connues, aurait-il souffert que j'eusse pris date de mes premiers essais dans le *Moniteur* de 1794, s'il eût connu le procédé de Villaris et qu'il eût encore en sa possession des viandes desséchées par ce dernier ?

La vérité est qu'en 1798, à l'hôtel de la Monnaie, où je logeais en ma qualité d'affineur national des monnaies, et où logeait aussi M. d'Arcet comme inspecteur général des Essais, je repris, à sa sollicitation, la dessiccation des viandes ; que j'en préparai 25 livres, dont un échantillon fut conservé par M. d'Arcet dans son cabinet, et qui est celui qu'on y retrouva en 1815. En résumé, en 1784, il n'existait plus de viande desséchée par Villaris chez M. d'Arcet. Il n'y restait que de la conserve de bouillon et de la graisse en très bon état.

En 1790, Villaris décéda sans laisser de trace de son procédé ni des viandes préparées.

En 1794, je pris date dans le *Moniteur* de mes premiers essais, d'après l'avis de M. d'Arcet.

En 1798, je repris mes essais de dessiccation sur une quantité de diverses espèces de viandes, qui furent examinées par Fourcroy, Deyeux et Parmentier.

En 1801 (24 pluviôse an IX) arriva le décès de M. d'Arcet ; il y a 40 ans.

J'ai cru devoir entrer dans ces détails afin de ne laisser aucun doute sur la légitimité de ma réclamation, et de revendiquer la viande desséchée trouvée chez feu d'Arcet père, et qu'on a attribuée, par erreur, à Villaris. Je ne prétends point avoir trouvé son procédé, personne ne l'a connu. Mais si j'ai été assez heureux pour en faire connaître un autre, dont les produits ont, dans le temps, obtenu le suffrage de M. d'Arcet après une conservation confirmée par une longue expérience, je désire qu'en publiant mon procédé il puisse servir de motif d'amélioration à ceux qui l'en jugeront susceptible.

Telles sont les communications qui ont été successivement faites à la Société d'encouragement, lors des concours qu'elle avait ouverts. Nous avons pu nous assurer de l'avantage qu'il y aurait de pouvoir garder les viandes saines, et de la nécessité de les conserver depuis les chaleurs excessives que nous avons eu à passer (1857). Dans beaucoup de communes de France les bouchers ne voulaient pas tuer, des charcutiers perdaient des quantités considérables de viande, et tout cela parce que jusqu'à présent on n'a pu faire prévaloir un bon procédé de conservation des substances alimentaires. Il faut cependant dire ici que la faute n'en est pas à ceux qui s'occupent de la science, mais au peu d'accueil que l'on rencontre chez les bouchers et les marchands de comestibles, qui montrent pour le progrès une force d'inertie qu'on ne peut combattre, et qui aiment mieux perdre leur marchandise que d'employer les moyens qui en amèneraient la conservation.

Le sujet que nous traitons a tant d'importance, qu'il a donné lieu à des travaux nombreux, travaux qui ont été imprimés, mais qui sont enfouis dans les bibliothèques.

Voulant que la question que nous avons entrepris de traiter soit complète, nous avons depuis notre première publication fait et fait faire de nouvelles recherches, desquelles il résulte :

1° Qu'en 1663, Boyle a fait connaître diverses méthodes pour arrêter et prévenir la corruption des substances animales et végétales. Nous n'avons pu nous procurer l'ouvrage dans lequel ce savant a consigné ces observations, et qui a pour titre : *Traité sur l'usage de la philosophie expérimentale.* Cet ouvrage, édité, en 1663, à Oxford, est en anglais et en latin (1).

2° Qu'en 1784, Lée (*Almanach physico-économique*) avait fait connaître qu'il conservait la viande en faisant usage d'eau imprégnée d'air fixe (acide carbonique) : il dit que pour préserver les viandes, il faut laver la viande deux ou trois fois par jour avec de cette eau, et qu'en faisant usage de ce mode de faire, il a conservé en été et par les chaleurs, pendant dix jours, des viandes qui sont restées aussi bonnes et aussi fraîches que si elles venaient d'être coupées sur l'animal tué.

Lée dit qu'il a même rétabli de la viande qui commençait

(1) On nous a assuré que le traducteur des *Leçons de chimie* de Shaw, madame d'Arconville, avait publié en 1766, un ouvrage intitulé : *Essai pour servir à l'histoire de la putréfaction*, 1 vol. in-8, contenant des idées sur le moyen de la prévenir.

à s'altérer, en faisant usage de l'eau imprégnée d'acide carbonique (1).

3° Qu'en 1790 (voir les *Annales instructives*, 1790, p. 308, puis le *Dictionnaire des découvertes*), un pharmacien de Versailles conservait les viandes à l'aide d'un liquide hydro-alcoolique marquant 13 degrés au pèse-alcool de Baumé. Il est dit que la viande, mise en contact avec ce liquide, ne se putréfie pas ; qu'elle fournit, lorsqu'on en fait usage, un bouillon très agréable au goût (2).

On sait que M. Girod de Chantrans a recommandé la bière pour la conservation de la viande ; il a fait connaître qu'ayant mis de la viande chargée de larves de mouches dans un vase qui contenait une certaine quantité de bière, la bière se char-

(1) Dans le même (*Almanach physico-économique*, 1784, page 74), on trouve un procédé qui n'a pas pour but la conservation de la viande, mais son emploi pour faire des tablettes susceptibles de se conserver, et faciles à transporter. Ce procédé consistait à prendre la viande fournie par le quart d'un bœuf, par 1 veau entier, par 2 moutons, par 24 vieilles poules, par 12 dindes ; à nettoyer toutes les parties de ces viandes ; à dégraisser et échauder les pieds de veau et de mouton ; à mettre le tout dans une grande chaudière avec une suffisante quantité d'eau ; à ajouter au liquide 6 à 8 kilogrammes de corne râpée ; à faire cuire ; à retirer les os, à soumettre les viandes à la presse pour séparer les liquides, qui sont ensuite réunis au bouillon ; à passer à travers un tamis de crin pour séparer les parties grossières. A laisser refroidir, à assaisonner, à décanter, puis à faire évaporer en consistance de gelée, enfin à couler dans des moules ; à porter à l'étuve et à faire sécher.

Ces tablettes sont dissoutes dans l'eau lorsqu'on veut en faire usage.

(2) On dit que les mahométans conservent saine et fraîche pendant plusieurs mois, par le procédé suivant, la viande que l'on embarque pour l'usage des marins qui font des voyages de long cours. On donne à cette viande un quart de cuisson dans de bon beurre fondu, sans la saler ni la poivrer plus qu'à l'ordinaire : on la laisse bien refroidir en la garantissant des mouches ; puis on la met dans des jarres de terre, ensuite on verse par-dessus du beurre fondu qui recouvre la viande ; on ferme ensuite les vases ; lorsqu'on prend de la viande, on a soin de refermer les vases. En 1772, M. R***, ancien capitaine d'infanterie, proposait l'emploi de l'huile d'olive pour la conservation de la viande fraîche.

gea d'une odeur infecte, la viande perdit de son odeur, et fut ramenée à un point tel, qu'elle put servir à faire un bouillon de bonne qualité, et qu'elle put être mangée sans dégoût.

4° Qu'en 1813, Hildebrand, *Annales de chimie*, t. LXXXVIII, p. 330, indiqua l'emploi de l'acide sulfureux pour la conservation des chairs mortes.

Les expériences faites par Hildebrand sont les suivantes. Dans un récipient de 3 pouces cubes de capacité, rempli de gaz acide sulfureux bien pur, on introduit, à travers du mercure, un morceau de bœuf frais ; en peu de minutes, la viande avait absorbé presque tout le gaz, et le mercure remplissait la capacité du récipient occupé par l'acide sulfureux, sauf quelques bulles qui étaient sans doute dues à de l'air atmosphérique.

La viande qui avait subi cette opération avait perdu sa couleur naturelle ; elle avait acquis la couleur de la viande cuite, elle n'avait pas subi d'autres altérations apparentes ; l'air resté dans la cloche avait conservé son volume.

Au bout de soixante-seize jours, pendant lequel temps la température avait varié de 0° jusqu'à 10° R., la viande avait à peine acquis une odeur d'acide sulfureux, elle était cependant plus dure et plus sèche que la viande cuite.

Exposée pendant quatre jours à l'air libre, elle ne se putréfia pas, ni ne changea pas sensiblement de couleur; elle avait seulement perdu la faible odeur d'acide sulfureux, sans en avoir acquis d'autre.

Des essais semblables furent faits en se servant : 1° Du gaz acide fluorique. Tous les phénomènes observés furent les mêmes, seulement il était plus difficile de suivre l'opération, le verre étant attaqué par le gaz fluorique; du mercure en couches minces s'était déposé sur la viande. 2° Du gaz ammoniac. Dans ce cas, les changements observés étaient différents : le gaz fut absorbé en totalité, la viande avait pris une couleur d'un beau rouge (*comme dans le gaz nitreux*); elle conserva son aspect de fraîcheur pendant soixante-seize jours. Elle était alors bien plus molle que dans l'expérience précédente; sans odeur, elle avait la consistance et la couleur de la viande fraîche. Exposée pendant quatre jours à l'air libre, elle n'entra pas en putréfaction ; elle perdit cependant sa couleur rouge, passa au brun, et se sécha en présentant à la surface une couche d'apparence vernissée.

Les expériences faites par Hildebrand ont de l'importance, car parmi les modes de conservation maintenant les plus utiles, le gaz acide sulfureux joue un grand rôle ; son application est de la plus grande importance, et même, selon nous, cette application résoudra le problème tant cherché.

5° Que MM. Salmon, Maugé, Sédillot et Pelletier ont, en 1820, fait connaître à l'Académie des sciences qu'ils ont trouvé un procédé pour la conservation des substances alimentaires végétales et animales ; ces industriels n'ont pas communiqué leur procédé, mais on sait que l'acide pyroligneux fait la base de ce procédé, qui se trouve décrit dans le 28e volume de la 1re série des *Brevets publiés*. Nous n'avons pas vu de viandes conservées par le procédé de MM. Salmon, Maugé, Sédillot et Pelletier ; mais nous avons remarqué que les viandes conservées à l'aide de l'acide pyroligneux conservent une odeur de fumée que n'ont pas les viandes conservées à l'aide de l'acide rectifié.

6° Que M. Goerg, en 1820, a proposé l'emploi de l'acide pyroligneux pour s'opposer à la putréfaction des matières de nature animale.

M. Goerg a établi que des viandes subissant déjà un commencement de décomposition, traitées par cet acide, sont ramenées au point de pouvoir être utilisées.

Le même M. Goerg a fait connaître que l'huile empyreumatique obtenue de la distillation du bois jouissait de la propriété d'arrêter la putréfaction ; l'emploi de cette huile se faisait à l'aide d'un pinceau.

7° Que M. Jernstedt a proposé, en 1823, de conserver les substances alimentaires en les privant du contact de l'air. Pour cela, il les renferme dans des vases ou appareils qu'il appelle *réservoirs pneumatiques*, et qui sont construits de manière qu'ils soient entièrement privés de communication avec l'air extérieur, suivant les circonstances.

Dans ces appareils on doit : 1° réduire la température de l'intérieur ou de l'extérieur ; 2° absorber l'humidité ; 3° enlever tout ou partie de l'oxygène qui se trouve dans le réservoir ; 4° faire pénétrer dans ce réservoir de l'acide carbonique qui peut aider à l'expulsion de l'oxygène.

8° Que M. Rousselon a édité, en 1824, un livre sans nom d'auteur, intitulé : *De l'art de conserver les substances alimentaires*, livre dans lequel il établit que, à l'aide de neuf préservatifs, on peut arriver à conserver toutes les substances. Ces moyens sont : 1° la *dessiccation*, 2° l'*infumation*, 3° la *salaison*, 4° la *chaleur*, 5° le *froid*, 6° les *corps gras*, 7° le *vinaigre*, 8° le *sucre*, 9° les *spiritueux*.

9° Qu'en 1826 on publia dans le *Journal des connaissances nécessaires* un article sur des *garde-manger destinés à conserver les aliments ;* on y trouve indiqué, comme pouvant aider à la conservation des aliments, un appareil dans lequel on doit pouvoir à volonté produire un grand courant d'air. Les viandes, dans cet appareil, doivent être placées dans un linge propre, mouillé préalablement avec du vinaigre et saupoudré de sel ; suspendant le linge ou le plaçant dans un pot de terre, ou encore trempant le linge une fois par jour dans du vinaigre pendant les fortes chaleurs (1).

(1) D'après un article de l'*Agronome manufacturier*, 1829, p. 163, si l'on suspend une pièce de bœuf par une corde à un clou ou crochet dans un cellier ou une cave sans humidité, de manière qu'elle ne touche pas la muraille, elle se conservera, dans les plus grandes chaleurs de l'été,

10° Qu'en 1829, la *Revue des revues* (novembre) fit connaître un procédé pour conserver les chairs et les empêcher de se putréfier.

Ce procédé consiste dans l'emploi d'une solution de gaz acide sulfureux dans l'eau. Les viandes qu'on place dans ce liquide ne subissent aucune altération ; mais il ne faut pas qu'il y ait eu commencement d'altération, car l'action préservative de la liqueur serait nulle.

11° Qu'en 1829, des essais furent faits sur la propriété conservatrice de la glace, essais desquels il résulte :

1° Que les viandes fraîches de toute nature, de même que le poisson, peuvent être longtemps conservés dans la glace sans éprouver la moindre altération ;

2° Que l'immersion dans la glace de ces mêmes substances à un état de putréfaction commençante, arrête ce mouvement de décomposition ;

3° Que ces substances plongées à l'état frais dans la glace, et conservées ainsi pendant un temps plus ou moins long, lorsqu'elles sont retirées de la glace, se putréfient avec une très grande rapidité, au point que si la température de l'atmosphère est un peu élevée, quelques heures suffisent pour avancer la putréfaction de ces substances, de manière à les altérer et à les rendre incapables de servir à l'alimentation ;

4° Que ces substances, soumises à la cuisson au sortir de la glace, non-seulement ne perdent rien de leur saveur, ni des qualités qui les distinguent comme substances alimentaires ; mais encore qu'elles paraissent plus tendres et plus délicates, comme on l'a observé dans certains cas où elles avaient été accidentellement congelées.

12° Que l'on trouve dans l'*Industrie*, ou *Revue des revues* (1831, t. V, p. 139), des détails sur la conservation des viandes et des aliments, par Van Mons.

un ou deux mois sans un grain de sel, et en hiver elle se conservera au moins dix semaines.

Dans ces détails, l'auteur établit : 1° quelles sont les causes qui donnent lieu à la putréfaction des substances organiques ; 2° quelles sont les substances qui peuvent être employées comme antiseptiques. Il signale les agents qui influent sur la décomposition, ceux qui la retardent : ainsi il fait connaître ce qu'on peut obtenir de la dessiccation, de la congélation, de l'exclusion de l'air, de l'usage du sel, du vinaigre, de l'huile empyreumatique, du beurre, du sucre, de l'eau-de-vie.

13° Que Wislin, en 1832, indiqua un procédé de conservation qui est le suivant :

On prend la viande que l'on veut conserver, on l'immerge dans l'eau bouillante ; on prolonge plus ou moins l'immersion, selon la texture des matières, mais en général elle ne doit pas être prolongée au delà de cinq à six minutes.

Les viandes ainsi immergées sont mises à égoutter pendant une heure ; elles sont ensuite placées dans un vase convenable et saupoudrées de sel de cuisine, mettant alternativement un lit de sel et un lit de viande, terminant par un lit de sel ; on laisse le tout en cet état pendant douze heures. On retire la viande, on la porte sur des claies que l'on place dans une étuve maintenue à une température de 60 degrés ; on a soin, pour aider à la dessiccation, de retourner les morceaux plusieurs fois par jour.

Cette opération dure ordinairement deux jours ; la viande a alors perdu les deux tiers de son poids. Lorsque la dessiccation *est bien complète*, on plonge chaque morceau de viande dans une solution faite avec une partie de gomme du Sénégal et six parties d'eau ; on renouvelle trois fois l'immersion dans l'eau gommée, en ayant soin, après chaque opération, de porter à l'étuve les morceaux de viande pour les faire sécher.

Une modification due au même auteur est la suivante :

On faisait plonger la viande dans l'eau bouillante, on la faisait sécher à l'étuve pendant quinze à dix-huit heures ; on la plaçait dans un moule de fonte, on la soumettait à l'action d'une presse hydraulique, puis on la recouvrait d'une couche de gélatine et on l'enveloppait dans une feuille d'étain.

On voit que là il y a suppression du sel ; le but de M. Wislin, en l'employant, était d'établir à l'extérieur des viandes une couche saline destinée à empêcher le développement des œufs qui auraient pu être déposés par les insectes.

La pression des viandes à l'aide d'une presse hydraulique, pour leur faire occuper moins de volume, est un fait intéressant dans l'art de conserver les substances alimentaires.

14° Qu'en 1834 (*Annales de la Société polytechnique*, t. IV, p. 185) on avait signalé un procédé de M. Deschenaux pour préparer les pieds de veau destinés aux approvisionnements des équipages de marine.

Ce procédé consiste à faire gonfler ces pieds dans l'eau bouillante pendant un quart d'heure ou une demi-heure, à les laisser refroidir pour qu'on puisse leur faire subir les opérations nécessaires.

Voici le mode qui est ensuite mis en pratique.

On fend longitudinalement la couche gélatineuse, on extrait les os ; on plonge pendant dix minutes ou un quart d'heure cette substance gélatineuse, devenue translucide, dans l'eau chaude, pour en séparer la graisse qui se trouve à l'intérieur et qui n'a pu s'échapper pendant la première opération. Avant que cette substance gélatineuse soit refroidie, on la soumet à une pression convenable, afin de l'empêcher de *se recoquiller* et de façon à l'obtenir aplatie, offrant à l'air le plus de surface possible, afin que la dessiccation puisse se faire plus promptement.

Quand les pieds ont pris assez de consistance pour rester aplatis, on les expose à l'air libre. Le lendemain on les met dans une étuve à courant d'air chaud ; on les y place tous les jours si l'air est humide et calme, et tous les deux jours si l'air est sec : leur dessiccation est complète au bout de quinze à vingt jours.

Les pieds de veau ainsi desséchés recouvrent toujours la même mollesse que les pieds de veau frais, pourvu qu'avant de les faire cuire on les fasse gonfler suffisamment dans l'eau froide pendant douze heures au moins.

Les pieds de veau ainsi desséchés sont destinés, soit à rendre le bouillon de viande sèche aussi substantiel que si les os de la viande n'avaient pas été enlevés, soit à être accommodés comme les pieds de veau frais.

15° Qu'en 1835, MM. Noël, Rollet et Sabouraud prirent un brevet d'invention pour la conservation des viandes par les procédés suivants :

1er *procédé.* L'animal est abattu, la viande est désossée, privée de sang, et mise en contact avec le chlorure de sodium pendant le temps déterminé par le volume, la forme des morceaux, la température. Plus tard, chaque morceau est frotté et couvert de sulfate de chaux bien calciné, pour enlever l'excès d'humidité ; on renouvelle l'emploi de ce sulfate de chaux autant de fois qu'il est nécessaire pour dessécher la surface, et l'on procède à l'arrimage en faisant usage, soit de barils, soit de caisses de bois.

Le fond de ces barils, etc., est garni d'une couche de sulfate de chaux et les morceaux sont séparés par la même substance.

2e *procédé.* Au lieu de sel, on se sert de sucre ; pour le reste, la marche à suivre est la même.

3e *procédé.* On fait un mélange de sel et de sucre.

4e *procédé.* Au lieu de sulfate de chaux, après la dessiccation, on se sert d'un milieu gazeux qui remplace l'air atmosphérique des vases dans lesquels on place la viande.

Dans ce dernier cas, on se sert de caisses cylindriques ou cubiques de tôle étamée, *à doubles agrafures* bien soudées.

Chacune de ces caisses est hermétiquement fermée par un bouchon à pas de vis, qui sert à l'introduction du gaz lorsqu'on se sert du quatrième procédé.

16° Que MM. Debassyns de Richemond et Burès ont, en 1835, pris un brevet de quinze ans pour des procédés applicables à la conservation des substances alimentaires de toute nature, de manière à pouvoir les transporter à des distances plus ou moins longues et à s'en servir pour l'alimentation après un certain temps.

Ce procédé est basé sur la propriété constatée que les viandes crues de divers animaux peuvent être maintenues, sans changer d'état, dans certains gaz sans qu'il y ait putréfaction, mais encore en conservant leur goût et leurs propriétés nutritives, enfin sans éprouver d'altération sensible.

Les procédés de MM. Debassyns de Richemond et Burès consistent à imprégner par insufflation les objets que l'on veut conserver dans une atmosphère : 1° de gaz hydrogène plus ou moins carboné, 2° d'oxyde de carbone, 3° dans du protoxyde d'azote, 4° dans de l'acide carbonique, 5° dans de l'azote ou dans du deutoxyde d'azote ou encore dans un mélange de ces deux gaz, 6° dans de l'eau saturée de ces différents gaz. Tous ces gaz sont obtenus par les procédés usités, et introduits dans des vases ou gazomètres contenant les matières à conserver, et dont on chasse l'air, soit en les remplissant d'eau, soit par un courant suffisamment prolongé du gaz à employer.

MM. Debassyns de Richemond et Burès font connaître que, dès 1772, Priestley avait reconnu la propriété antiseptique du deutoxyde d'azote, établissant même que, avec quelques recherches, on pourrait l'appliquer peut-être à la conservation des viandes, des poissons, des fruits ordinaires, en faisant des mélanges de ce gaz avec l'air ordinaire ; mais, il faut le dire, Priestley n'établissait ces faits que d'une manière dubitative.

Dans leurs brevets, les auteurs disent :

1° Qu'il faut que les viandes ne doivent point être *soufflées ;*

2° Qu'il faut vider les cavités et faire en sorte que le gaz y pénètre ;

3° Que les vases destinés à servir de garde-manger soient construits sur le principe de la cloche à plongeur, et garnis extérieurement de verres destinés à laisser passer la lumière, intérieurement de tablettes pour supporter les objets à conserver ;

4° Que ces vases doivent être constamment tenus sur un bassin rempli d'eau, à travers laquelle on passe les objets que l'on place ou que l'on retire.

Lorsque l'on emploie simplement l'azote, on obtient ce gaz en mettant les objets à conserver dans des vases pleins d'air, et dans lesquels on place des substances propres à absorber rapidement l'oxygène : tels sont le protoxyde de fer, le tannin et les substances qui en contiennent. Ces vases sont ensuite immédiatement fermés d'une manière hermétique.

Les brevetés disent que, lorsqu'on expose les viandes injectées à l'air libre, et surtout dans un courant d'air chaud et sec, on les amène facilement à un état de demi-dessiccation, dans lequel elles se conservent sans éprouver de putréfaction, et sans que leur goût et leurs propriétés nutritives aient subi d'altération sensible.

Les viandes injectées sont, selon MM. Debassyns de Richemond et Burès, susceptibles d'être conservées : 1° dans de l'eau plus ou moins chargée de sel marin, 2° dans de l'eau contenant des sulfites de soude, de chaux ou de potasse, 3° dans de l'eau contenant de l'acide azotique ou de l'acide sulfurique.

17° Qu'en 1835, M. Perpigna prit un brevet pour la conservation des viandes par le moyen suivant :

On injecte, à l'aide d'une pompe foulante, dans le cœur ou dans les vaisseaux sanguins de l'animal, aussitôt qu'il est tué, une solution antiputride, composée, selon la durée de la conservation que l'on veut obtenir, de mélanges ou proportions indéterminées de sel, de salpêtre, d'acide pyroligneux et de sucre.

18° Qu'en 1837, M. Degrand fit connaître des modes de dessiccation et de conservation des viandes.

Dans son brevet, M. Degrand établit que, avant de dessécher les substances par l'emploi d'un *laminoir dessiccateur*, ou par des courants d'air sec, il est nécessaire, en ce qui concerne les viandes, afin de les rendre moins coriaces à la cuisson, de les tremper pendant quelques heures dans de l'huile alimentaire.

M. Degrand indique trois modes de dessiccation. Le premier consiste dans la dessiccation par le vide. L'appareil à dessécher la viande se compose d'un générateur d'eau tiède, de deux chaudières distillatoires, d'un condenseur aboutissant à un réservoir, d'une pompe à air, et d'une capacité nommée réservoir siccatif, parce qu'elle est destinée à contenir de la chaux éteinte et calcinée au rouge.

Dans la chaudière est placée une caisse à claire-voie, à plusieurs étages, sur lesquels on place les viandes à dessécher. Trois conditions sont nécessaires pour opérer une bonne dessiccation de la viande :

1° L'abaissement de la température à laquelle on l'effectue ;

2° La courte durée de l'opération ;

3° L'extraction complète de l'humidité.

Le deuxième moyen est basé sur la dessiccation des substances animales et végétales par d'autres moyens que le vide. Elle s'obtient à l'aide du ventilateur de Désaguliers, donnant un courant d'air passant dans une première chambre, dans laquelle on a étagé de la chaux ou toute substance avide d'humidité, puis dans une deuxième chambre traversée par des tuyaux qui y *rayonnent* la chaleur, et cet air sec et un peu tiède traverse une troisième chambre qui contient la viande qu'on veut dessécher ; il *souffle dessus* et s'écoule par les issues destinées à cet effet. Ces moyens peuvent être modifiés en tout ou en partie par l'emploi d'un courant d'air chaud sec, agissant immédiatement sur les substances à dessécher.

Le troisième moyen est relatif à l'application aux viandes desséchées de l'enrobage, à l'aide d'une solution contenant de 30 à 35 pour 100 de gélatine, et chauffées, lors de l'application, de 80 à 84 degrés.

19° Qu'en 1839, M. Sastier prit un brevet pour la conservation des viandes dans le vide. Pour exécuter le mode de faire de cet industriel, on se sert de boîtes confectionnées d'après des procédés décrits dans son brevet (*Description des Brevets*, tome LXXXIV, p. 285, de la première série).

Les vases de M. Sastier ont pour caractère distinctif un orifice pratiqué préférablement dans l'un des fonds ou sur une des parties du corps du vase. Cette ouverture est recouverte, à certaine époque de l'opération, par une capsule perforée, celle-ci étant recouverte elle-même par une capsule non perforée pour opérer la clôture du vase.

Le vide s'opère par la dilatation des substances que contiennent les boîtes, par le moyen de l'eau bouillante, par la vaporisation sur une plaque de fonte, par la chaleur d'un four, par des moyens hydropneumatiques, par l'introduction ou la combustion du gaz hydrogène, ou par l'introduction par la base des boîtes, ou par leur milieu déjà rempli, de gaz acide carbonique : ce gaz, étant plus pesant que l'air atmosphérique, le chasse par l'orifice supérieur.

L'auteur fait connaître qu'il peut conserver par immersion les matières solides, après qu'elles ont été soumises au calorique, en les plongeant à plusieurs reprises dans une solution concentrée de gélatine ou dans une solution de gomme arabique.

Les viandes ainsi enrobées peuvent se conserver à l'air libre ; mais pour les soustraire aux influences de l'air, on les renferme dans des boîtes, et l'on opère en faisant le vide ou en les remplissant de gaz.

L'auteur dit que le calorique arrêtant la fermentation, on l'applique à un degré plus ou moins élevé, suivant la nature des substances à conserver. Il cite, pour obtenir ces degrés différents de chaleur, l'emploi des bains de sable, de chlorure de calcium, d'huile, de résine, de corps gras, etc.

20° Qu'en 1839, M. Frichon fit connaître divers procédés pour la conservation des viandes. Le premier consistait dans l'emploi du chlorure de calcium comme mode de dessiccation. Cette opération était assez prompte, mais la viande contractait un goût d'amertume qu'il est presque impossible de faire disparaître.

Le deuxième est relatif à l'emploi de l'alcool concentré, en plongeant pendant douze heures les viandes dans ce liquide. La viande se contracte et prend un goût de marc de raisin, les corps gras se dissolvent en partie.

Le troisième consiste dans l'emploi d'un appareil ou chambre à dessiccation à air froid ou à air chaud, au moyen d'une ventilation graduée.

M. Frichon dit qu'on pourrait, avant d'élever la température de l'air, le faire passer dans un espace resserré sur du chlorure de calcium sec pour augmenter sa puissance siccative.

21° Qu'en 1839, dans un brevet qui se trouve dans le volume LIV de la 1re série, M. Jourdan faisait connaître qu'on pouvait conserver le gibier, le poisson, la volaille, la viande de boucherie, les fruits, en les soumettant pendant cinq minutes à un courant de gaz acide sulfureux, puis à une fumigation résineuse, entourant ensuite de glace les objets ainsi traités.

22° Qu'en 1841, M. Gannal père fit connaître les nombreuses tentatives qu'il avait faites, et il établissait les propositions suivantes : 1° La gélatine et l'albumine sont les deux seules matières animales qui soient susceptibles de s'altérer spontanément et de passer à la fermentation putride. 2° Les sels solubles d'alumine se décomposent en se combinant avec la gélatine et l'albumine, et en donnant naissance à des composés nouveaux imputrescibles. 3° De tous les sels d'alumine, le chlorure de cette base est le seul qu'on puisse employer pour la préparation des substances alimentaires. 4° La viande ainsi préparée ne contracte aucun goût, aucune saveur, et ne peut d'aucune manière agir sur l'économie animale.

Selon Gannal, la théorie d'une part, et de l'autre les expériences sur des hommes, et des applications continuées pendant un laps de temps assez long, lui avaient donné une conviction intime de la vérité de son opinion.

23° Qu'en 1841, M. Elmore avait eu l'idée de se faire breveter comme importation de perfectionnement d'un procédé de salaison des substances animales, qui consistait à soumettre dans un vase où l'on a fait le vide, soit à l'aide d'une pompe pneumatique, soit par la vapeur et la condensation ou autres moyens analogues, les substances à conserver, les laissant en contact avec la saumure ou avec des liqueurs préservatrices, en faisant agir la pression atmosphérique.

24° Qu'en 1841, M. Gaubain d'Abbecourt fit breveter le procédé suivant, procédé qu'il appliquait aux viandes et aux légumes.

Chaque morceau de viande devant être traité était pesé, étiqueté et mis dans un vase-récipient de métal. Dans l'intérieur de ce récipient est placé un disque métallique percé de mille trous et qui est éloigné du fond du vase de $0^{m},05$ environ : c'est sur ce disque que la viande à conserver est mise par couches ; deux, trois ou quatre autres disques sont superposés à des distances déterminées, et reçoivent les viandes à conserver. Lorsque le récipient est rempli, on le ferme hermétiquement avec un couvercle à clef à clavettes ; le couvercle est muni d'une soupape et d'un tube pour recevoir un thermomètre. A la base de ce récipient, et au-dessous du premier disque, est un tube communiquant à une chaudière d'une grandeur indéterminée. Dans l'eau de cette chaudière on met 1 kilogramme de sucre blanc par 20 litres d'eau, on fait chauffer cette eau jusqu'à production de vapeur; lorsque la vapeur a acquis 104 ou 105 degrés de pression, on ouvre le robinet de prise de vapeur qui communique au récipient, on le laisse ouvert pendant une heure environ. On retire ensuite la viande, et on la met tout de suite dans un bain de graisse qui a subi la même opération que la viande.

Ce bain est chauffé par la communication d'un tuyau correspondant à la chaudière. Le vase de ce bain est double : le premier renferme la vapeur, il est muni d'une soupape de sûreté; le second est celui qui contient la graisse et lui sert de bain-marie; c'est dans ce dernier que la viande est mise. Le vase reste ouvert pendant l'opération, et la viande y séjourne pendant quarante à quarante-cinq minutes; alors cette viande est retirée et mise à l'étuve. Au bout de vingt-quatre heures, elle est suffisamment sèche pour pouvoir se conserver pendant plusieurs années.

25° Qu'en 1842, MM. Gaguage et Baud ont pris un brevet pour un procédé d'embaumement et de conservation des substances animales.

Les procédés Gaguage et Baud consistent à faire macérer pendant deux heures dans du vinaigre de table assaisonné de sel et de poivre de la viande désossée, à la retirer du bain après ce laps de temps, à l'essuyer et à la couvrir ensuite, à l'aide d'un pinceau, d'une dissolution concentrée de gomme ou de sucre de fécule liquéfié au bain-marie; à renfermer cette viande, après parfaite dessiccation, dans un ciment ainsi composé : plâtre, 100 parties; noir animal, 15; eau saturée d'alun, 9; à faire dessécher le tout et à recouvrir de gomme ou d'un vernis quelconque.

On pourrait au préalable injecter un animal avec une dissolution concentrée de sucre de fécule.

Les auteurs indiquent aussi, d'une manière générale, que l'acide pyroligneux de première, deuxième, ou troisième distillation est un agent conservateur qui, uni à une base quelconque, ou à un oxyde, un carbonate, un azotate, un chlorhydrate, ou un sulfate, peut acquérir une propriété conservatrice qui se maintient à jamais, et qui met les substances animales à l'abri de la putréfaction.

La suie en poudre, son eau de macération, sont aussi des agents conservateurs, employés à l'état pur ou comme véhicules des sels.

26° Que dans la même année, M. Fontaine Moreau prit un brevet d'importation pour la purification et la conservation des matières animales par une application des lois de l'injection et de la concussion, ainsi que celle de la succion.

27° Qu'en 1848, M. Parisse proposa de conserver les matières animales et végétales crues, en les plaçant dans des vases où l'on verse de la gélatine liquide dont on se débarrasse quand on veut utiliser ces matières.

28° Qu'en 1851, M. Robin fit connaître des observations sur les moyens à mettre en pratique pour la conservation des matières animales et végétales.

D'après ce savant, les composés volatils artificiels, formés uniquement, soit essentiellement de carbone et d'hydrogène, constituent une classe spéciale d'agents qui paralysent l'action de l'oxygène humide; de telle sorte que les substances animales placées dans ce gaz qui aide à la décomposition n'ont plus d'action sur ces matières, le gaz étant aussi modifié.

M. Robin signale, parmi ces agents conservateurs, l'éther sulfurique, le chloroforme, le naphte, l'huile de houille brute ou rectifiée, l'huile de schiste, l'éther acétique, la benzine, la naphtaline, l'huile d'esprit de bois, l'essence de caoutchouc, l'essence de pomme de terre, l'essence d'amandes amères, enfin l'éther iodhydrique.

D'après M. Robin, les matières animales plongées dans ces substances liquides n'éprouvent aucune altération putride; les vapeurs de ces mêmes substances jouissent également de propriétés antiputrides énergiques.

Toujours selon ce savant, des fragments de viande placés dans des vases clos au fond desquels on introduit une éponge imbibée de la substance conservatrice retiennent le sang qu'ils contenaient à l'état frais, et ne présentent aucune trace de putréfaction. M. Robin est parvenu à conserver pendant huit mois, au moyen des vapeurs qui se dégageaient d'éponges imbibées des substances dont nous avons parlé plus haut, des morceaux de viande de 250 grammes et de 500 grammes, qui ont été reconnus être parfaitement conservés; de la viande immergée dans de l'eau imprégnée de la vapeur de ces corps hydrogénés lui a paru devoir se conserver indéfiniment.

M. Robin s'est aussi assuré qu'un autre genre de corps possède à un haut degré la propriété antiputride. Ces corps sont des composés binaires de carbone et d'un métalloïde autre que l'hydrogène. Il a expérimenté avec le sulfure, le protochlorure et l'azoture de carbone, avec la liqueur des Hollandais, avec l'acide cyanhydrique; il a vu : 1° que ces composés sont, comme les carbures d'hydrogène, de puissants conservateurs; 2° que les vapeurs de ces composés dégagées à la température ordinaire, et reçues dans des vases clos, préservent indéfiniment les matières animales de la putréfaction; 3° qu'à plus forte raison cet effet se produit lorsqu'on plonge les matières animales dans ces composés liquides.

M. Robin fait observer, dans son travail, qu'il ne suffit pas qu'une substance s'oppose complétement à la putréfaction, qu'elle laisse aux objets leur forme, leur volume, leur consistance; qu'il faut encore qu'elle leur laisse leur couleur; que, sous ce rapport, le chloroforme, le protochlorure, l'huile de houille rectifiée, sont bien supérieurs aux substances mises en usage jusqu'à présent, qu'ils sont cependant loin d'égaler l'acide cyanhydrique ; que dès l'instant que la vapeur de cet acide se dégage à la température ordinaire et sature l'air d'un vase clos, tout pouvoir d'altération est paralysé, la matière animale reste à l'état où la vapeur l'a trouvée au moment de son contact ; qu'il n'y a plus d'altération ni dans la couleur, ni dans les autres propriétés chimiques ; que des morceaux de chair suspendus pendant un mois dans des flacons bouchés à l'émeri, au fond desquels on avait placé soit une éponge imbibée d'*acide cyanhydrique au septième*, soit ce liquide lui-même, ont conservé toutes leurs propriétés, fraîcheur, forme, couleur, etc. (1).

M. Robin établit que l'huile de houille et sa vapeur sont supérieures aux autres produits de la même série, et il fait connaître le parti que l'on peut en tirer lorsqu'on veut se livrer à des recherches anatomiques (2).

M. Robin fait encore observer : 1° que l'huile de houille rectifiée offre de l'avantage sur l'huile brute, qu'elle conserve aux chairs une apparence de fraîcheur remarquable ; 2° qu'en raison de son prix peu élevé, elle pourra être mise en usage dans une foule de circonstances : l'embaumement des corps, la conservation des cadavres pour la dissection, la conservation des pièces anatomiques, le tannage des cuirs, la préparation des cuirs de Russie (3), la destruction des insectes qui

(1) On conçoit que ce mode de faire, qui présente de l'intérêt, ne pourra jamais être appliqué, et qu'il ne viendra jamais à l'idée de personne de faire usage de l'acide cyanhydrique pour la conservation des viandes ; mais c'est, nous le devons dire, un fait des plus intéressants.

(2) L'application des produits antiseptiques aux opérations anatomiques doit être mise en pratique dans tous les amphithéâtres ; c'est un moyen de soustraire les élèves à des accidents fréquents, dont quelques-uns ont été suivis de mort.

(3) Nous ne partageons pas les opinions de M. Robin relativement à la préparation des cuirs de Russie ; c'est l'huile pyrogénée obtenue du bouleau et de la bétuline qu'il faut employer pour obtenir ces cuirs. Si l'on

attaquent et détruisent les collections d'histoire naturelle, les bois, les céréales, les graines, etc.

29° Qu'en 1852, MM. Grenier et Daudet ont pris un brevet pour un système de garde-manger dit *conservateur*. Ce garde-manger était construit de façon que son fond inférieur pût être rempli de substances *asséchantes* et *absorbantes*, et la partie supérieure de liquides réfrigérants ou de glace.

30° Qu'en 1852, M. Loubère a pris un brevet pour la conservation des viandes, qui consistait à les recouvrir de gélatine, après les avoir fait dessécher.

31° Qu'en 1853, M. Chevallier fils prit, à la date du 8 mars 1853, un brevet pour l'application de la propriété antiseptique des acides minéraux et végétaux à la conservation des matières animales destinées à être employées comme engrais, brevet qu'il céda à M. Dugléré, qui ajouta à ce brevet des modifications ayant pour but l'emploi du soufre à l'état gazeux (l'acide sulfureux) dans des appareils clos pour la conservation des matières animales destinées à l'alimentation. Cette modification demandée par M. Dugléré paraît être due à M. E. Vincent.

32° Que l'on trouve, dans le *Moniteur universel* pour 1853, la description du procédé suivant pour la conservation des viandes. Lorsque l'animal est abattu et saigné, on injecte par les artères carotides 10 litres d'eau tenant en dissolution 2 kilogrammes de chlorure d'aluminium sec et pur ; vingt minutes après l'injection, on peut écorcher, vider et diviser la bête par les procédés ordinaires : la viande se conserve alors dans l'état où elle se trouve pendant douze à quinze jours. Ce procédé a de l'analogie avec le mode d'embaumement de Gannal.

33° Qu'en 1853, M. Malineau fit connaître le procédé suivant pour la conservation des viandes. On renferme les

employait l'huile de houille, on aurait un cuir d'odeur désagréable, mais qui n'aurait pas de ressemblance avec les cuirs de Russie.

viandes dans un vase contenant un liquide quelconque, secouant avec force, afin de tasser la viande et d'expulser l'air.

Le vase est ensuite empli de liquide, de manière que le couvercle en fasse sortir le trop-plein ; alors on mastique le couvercle, afin que le tout soit fermé hermétiquement.

34° Que M. Martin de Lignac a indiqué pour la conservation des viandes : 1° l'emploi de boîtes hermétiquement closes, contenant des substances alimentaires crues ; 2° l'action de la chaleur au bain-marie, de telle sorte que la vapeur qui enveloppe les boîtes fasse équilibre à la vapeur contenue dans les boîtes. M. de Lignac indique les conserves qu'il obtient ainsi par les noms de *conserves alimentaires* dites *conserves autoclaves*.

35° Que MM. Hervé et Thomas se sont occupés de la conservation des substances alimentaires animales, après l'enlèvement des résidus adipeux, par la conservation dans le vide obtenu d'une manière constante.

36° Que mademoiselle Lorentz a pris un brevet pour un appareil dit *conservateur Morris*, pour la préservation des liquides et aliments par l'emploi du vide, faisant usage d'un soufflet de caoutchouc dit *soufflet d'expulsion d'air*.

37° Qu'en 1854, M. Lamy prit un brevet pour un procédé de conservation des substances animales ou végétales, en faisant usage de l'acide sulfureux à l'aide d'un appareil de production et de dégagement, introduisant le gaz dans une caisse à deux orifices renfermant les substances à conserver. Lorsque la substance à conserver est saturée de gaz, on cesse d'en faire arriver, on ferme les orifices de la boîte, et les substances renfermées dans la boîte sont à l'abri des altérations atmosphériques.

M. Lamy a aussi conseillé l'emploi : 1° de l'hydrochlorate de protoxyde de fer dans une dissolution alcaline, 2° du sulfate de protoxyde de cuivre ammoniacal, comme moyen d'empêcher la décomposition des matières animales et végétales.

38° Qu'en 1854, M. S.-A. Turck a fait breveter un procédé de conservation par l'acide sulfureux en dissolution dans neuf fois son poids d'eau, ajoutant à cette dissolution une petite quantité d'acide chlorhydrique, pour empêcher l'acide de se combiner avec les bases des sels alcalins qui se trouvent dans la viande.

M. Turck dit qu'il suffit de tremper les viandes dans cette dissolution, de les retirer et de les renfermer dans un vase privé d'air.

39° Que M. Fumet, en 1854, a fait connaître qu'il avait fait construire un appareil réfrigérant auquel il donne le nom d'*étuve froide*; appareil à l'aide duquel on pouvait, dit-on, conserver toutes les substances alimentaires.

40° Qu'en 1854, M. Esquiron proposa, pour la conservation des substances alimentaires : 1° la dessiccation au moyen de l'air chaud ; 2° l'emploi d'une couche de gélatine aromatisée, ou d'un vernis quelconque, soit à l'essence, soit à l'alcool, gutta-percha, etc.; 8° à les enfermer dans des caisses fermées hermétiquement.

41° Qu'en 1854, M. Cellier Blumenthal fit connaître qu'il convertit la viande, après la cuisson, en une poudre fine, la mêlant avec les farines desséchées par le procédé Masson. Ces poudres alimentaires sont peu estimées et l'on en fait peu d'usage.

42° Qu'en 1854, M. Haill a proposé la poudre suivante pour la conservation des viandes :

On dispose une chambre dans laquelle on brûle une certaine quantité de combustible pouvant donner lieu à une grande émission de suie ; on dispose dans cette chambre les viandes à conserver; on renouvelle l'air à l'aide d'un appel, jusqu'à ce qu'on reconnaisse que la conservation est complète; on retire alors les viandes de la chambre.

Si l'on veut conserver ces viandes indéfiniment, on renferme les viandes traitées, comme nous l'avons dit, dans une caisse

5

contenant de l'eau créosotée, ou dans un tonneau contenant du charbon en poudre; on enduit les jointures des caisses ou tonneaux avec de la graisse.

On renferme le premier tonneau dans un tonneau beaucoup plus grand; on introduit dans cette enveloppe de l'acide sulfureux, ou bien on fait dans la caisse un vide parfait à l'aide d'une pompe à air.

43° Qu'en 1854, M. Vincent proposait une modification aux procédés Lamy, en indiquant l'emploi du *gaz carbonico-sulfureux* obtenu par un appareil spécial à la conservation des substances animales et végétales.

44° Qu'en 1854, M. Perron de Kermoal se fit breveter pour un procédé de conservation qui consiste : 1° à faire blanchir les substances que l'on veut conserver par une immersion prompte dans l'eau bouillante ; 2° à les retirer et à les enfermer dans la composition suivante : eau, 18 litres; sel marin, 1 kilog.; acide acétique, 1/8e de litre. On met alors en boîte, on remplit le vase, on le ferme hermétiquement, puis on opère le vide par les moyens connus.

45° Que dans la même année, MM. Delabarre et Bonnet ont pris un brevet pour le procédé suivant qui, comme on le verra, n'est pas très neuf: 1° On opère par les moyens connus la dessiccation partielle des viandes que l'on veut conserver. 2° On prépare un suc de viande avec les débris de pieds, les abatis, de l'albumine et de l'alcool; on se sert de ce suc comme d'un vernis, pour enduire la pièce que l'on veut conserver, et on la fait sécher à l'air.

46° Qu'en 1854, MM. Fleulard et Meens se sont fait breveter pour le procédé suivant :

On fait subir aux matières à conserver une première coction, on en opère la dessiccation au moyen d'un courant d'air; on les réduit en poudre, on les mélange avec des légumes, et on les convertit en tablettes, soit par rapprochement, soit par pression.

47° Qu'en 1854, M. Souverain prit un brevet de conservation des viandes basé sur les principes suivants : On dessèche par un courant d'air rapide les viandes, on les divise et on les associe avec des légumes. Le même auteur a pris un brevet pour la conservation des viandes fraîches, en enduisant cette viande fraîche d'une couche de gélatine, d'un corps gras et d'un sel de fer.

48° Que MM. Chenu et Pillias ont, en 1854, pris un brevet pour la conservation des substances alimentaires. Le procédé décrit dans le brevet est le suivant : On trempe les substances à conserver pendant deux minutes dans l'eau bouillante, on les retire après cette immersion ; on les met dans un vase percé de trous pour l'écoulement du liquide. On les trempe ensuite dans un bain contenant 16 grammes de sel ammoniac pour un litre d'eau ; on les retire du bain et l'on fait sécher à l'étuve.

49° Qu'en 1855, M. Marle décrivait, dans ses brevets, un mode de conservation des viandes et de toutes les substances que le contact de l'air peut altérer. Il consiste dans l'immersion des substances à conserver dans une dissolution, en proportion déterminée, de gélatine, d'eau-de-vie, de sucre et de gomme arabique ; à retirer ces substances de cette dissolution, à les faire sécher et à les renfermer dans une membrane de nature animale.

50° Qu'en 1855, Wothly disait, dans un brevet en date du 13 février, qu'il conservait les viandes en les enduisant de sucre et de sel de cuisine ; qu'il les soumettait à une pression pour en faire sortir le sang, puis qu'il les renfermait dans des vases, les recouvrant de graisse.

51° Que MM. Laurent et Callamand ont, dans un brevet pris en 1855, décrit les modes suivants pour la conservation des viandes. Ces brevetés proposent cinq moyens qui sont les suivants :

Le premier consiste à faire usage d'une dissolution de

sucre, de colle d'amidon dans de l'eau ; à immerger les viandes dans ce bain ; à les retirer, à les sécher et à les enfermer ensuite dans une enveloppe en tissu recouverte d'un enduit imperméable.

Le deuxième, à les plonger dans une dissolution de réglisse, de sucre, de gomme arabique et d'eau dans laquelle on met de la farine.

Le troisième, à les envelopper directement d'une toile et à plonger le tout dans de la cire fondue.

Le quatrième, à les enfermer dans des caisses métalliques dans lesquelles on a fait le vide.

Le cinquième, à délayer du plâtre fin, à y plonger les substances, de manière à bien les enrober pour les préserver du contact de l'air.

52° Qu'en 1855, M. Soymié a proposé de procéder à la conservation des substances alimentaires à l'aide d'un appareil spécial de cuisson et de dessiccation par l'emploi de la vapeur surchauffée.

53° Qu'en 1855, M. Bresson et mademoiselle Prophète ont, dans leur brevet du 24 mars 1855, donné une dissertation sur la priorité de l'emploi de la vapeur surchauffée ou de l'air chaud à la dessiccation et à la conservation des substances alimentaires, et surtout à la revendication d'un appareil générateur d'air chaud, de ses dispositions et de son application à la conservation des substances après un échaudage préalable ; enfin de leur mise en boîtes.

54° Que M. Martin de Lignac, déjà cité, avait, dans un nouveau brevet, proposé le procédé suivant pour la conservation de la viande : On coupe la viande, on la fait sécher, on l'introduit dans une boîte, puis on la soumet à une cuisson dans un appareil autoclave ; enfin on la conserve.

55° Que M. Marle, déjà cité, établissait, en 1855, qu'il suffit d'envelopper la viande d'une baudruche, de la plonger dans l'eau bouillante, puis ensuite de la plonger dans une dissolution de caoutchouc liquide pour obtenir une parfaite conservation.

56° Que M. Carlier, en 1855, a indiqué un procédé de conservation de la viande, qui consiste à introduire les viandes dans des vases solides, puis à faire pénétrer dans ces vases de l'acide carbonique.

57° Qu'en 1855, M. Vantemkiste avait pris un brevet pour la conservation des viandes par l'emploi de la machine pneumatique dans des vases à fermeture avec robinet fermant hermétiquement lorsque le vide est fait.

58° Qu'en 1855, M. Lajoye prit un brevet pour la conservation des viandes en les immergeant dans une dissolution chaude de colle forte, d'eau distillée, de mélasse et de rhum, retirant les viandes et les faisant sécher.

59° Que dans la même année, MM. Martin et Roguet ont indiqué l'emploi du moyen suivant : On trempe les viandes dans de la saumure ou on les sale, puis on les couvre, à l'aide d'un pinceau, d'une couche d'acide pyroligneux.

60° Qu'en 1855, M. Robert prit un brevet dans lequel il établit que, pour la conservation des viandes, il faut : 1° que les animaux aient été soufflés ; 2° qu'il faut les débarrasser du sang et des sérosités, et les exposer à un courant d'air naturel, ou à un courant d'air artificiel produit par un ventilateur, jusqu'à ce qu'elles aient perdu un excès d'humidité qu'elles contiennent ; 3° qu'il faut, de préférence, agir sur des membres entiers ou sur des gros morceaux ; 4° que lorsque les viandes sont convenablement desséchées à l'air libre, il faut les suspendre dans un appareil clos, chambre, caisse, tonneau, etc., de façon qu'elles soient libres et ne touchent par aucun point aux parois de l'appareil ; enfin, que l'air circule autour de chaque morceau ; 5° que l'appareil où l'on suspend les viandes doit être fermé hermétiquement, mais avoir à la partie inférieure et à la partie supérieure des tuyaux munis de robinets afin de faciliter l'introduction dans cet appareil d'un courant d'acide sulfureux et d'en déterminer la sortie ; 6° que la production du gaz sulfureux peut être le résultat de la combustion du soufre, ou de la combustion d'une mèche soufrée ; 7° que les viandes doivent rester en contact avec le gaz sulfureux un temps plus ou moins long, selon que le morceau est plus ou moins gros ; 8° que les morceaux de 2 à 3 kilogrammes n'exigent que 8 à 10 minutes, les morceaux de 100 kilogrammes 20 à 25 minutes ; 9° qu'après ce séjour, les viandes doivent être exposées à l'air libre pour les essorer et les raffermir ; 10° qu'il faut, lorsqu'elles ont subi cette dernière opération, les recouvrir à l'aide d'un pinceau d'un enduit composé d'un kilogramme d'albumine que l'on fait dissoudre dans un litre de forte décoction de racine de guimauve, additionnant le tout d'un peu de mélasse de canne : l'application étant faite, la dessiccation à l'air libre est rapide, elle ne laisse aucune odeur désagréable à la viande qui a été ainsi enduite à l'aide du pinceau ; 11° qu'on peut mettre en magasin les substances ainsi préparées, de manière à les expédier selon les besoins ; 12° que dans le magasin elles doivent être suspendues à l'air libre, avec ou sans enveloppe ; 13° qu'on peut ensuite les renfermer dans des barils, où elles se conservent parfaitement si le procédé a été bien appliqué ; 14° qu'on peut appliquer ce procédé au gibier, à la volaille, avec ou sans plumes.

61° Qu'en 1855, M. Bonnet, dont nous avons déjà parlé, de concert avec M. Marle, s'inscrivit pour la préparation et la conservation de la viande en la plaçant dans une chambre close, dite de dessiccation, en les soumettant à la vapeur du chlore ou à la vapeur produite par le soufre et le thym jetés sur des charbons ardents, recouvrant les viandes ainsi préparées, puis desséchées complétement, d'un enduit gélatineux.

62° Qu'en 1855, M. Jobard se fit breveter pour le procédé suivant : On dessèche les viandes à l'aide d'agents absorbants, le chlorure de sodium, en les plaçant sur des claies ; on les suspend dans une chambre ou dans un appareil ; on les recouvre, après dessiccation, d'un enduit gélatineux, puis on les fait tremper dans une cuve contenant de l'eau de tannin, afin de les rendre imputrescibles.

63° Qu'en 1855, M. Duval fit connaître par un brevet, qu'il conservait les viandes par l'emploi d'agents susceptibles de les dessécher, puis qu'il les recouvrait, après dessiccation, d'un enduit gélatineux et albumineux.

64° Que dans la même année, M. Demait établissait par son brevet du 6 août, qu'il pouvait conserver les viandes : 1° en les desséchant par des agents absorbants ; 2° en les exposant à l'acide carbonique ou sulfureux ; 3° en les enrobant de gélatine, d'albumine, d'acide stéarique, pour les préserver du contact de l'air.

65° Qu'en 1855, M. Marle, dont nous avons déjà cité le nom, et qui avait fait des expériences nombreuses, établissait que les viandes pouvaient être conservées en les desséchant par des agents absorbants, et en les entourant de gaz acide carbonique dans des vases hermétiquement fermés.

66° Que, toujours en 1855, MM. Bouet et Drouin ont proposé des moyens analogues aux précédents, consistant dans la dessiccation des viandes par un moyen quelconque, à plonger les viandes desséchées dans un bain d'empois, à faire sécher cette couche, puis à tremper les viandes ainsi enrobées dans une solution de collodion.

67° Qu'en 1855, M. Jourdan Gozzazino faisait connaître le procédé de conservation suivant : On compose un enduit de sucre et de mélasse, on y trempe des viandes, et l'on fait sécher.

68° Qu'en 1855, M. Hauds proposait de dessécher les viandes dans une chambre où l'on faisait arriver de l'acide sulfureux.

69° Qu'en 1855, MM. Dutreilh et Demait proposaient de conserver les substances alimentaires en les plaçant dans une étuve ; mettant dans le local un fourneau contenant du charbon de bois incandescent, puis jetant sur ces charbons de la fleur de soufre, du chlorure de chaux, des feuilles aromatiques, lavande, menthe, citronnier.

70° Que dans la même année, M. Giraud se proposait de conserver les substances alimentaires en les plaçant dans un vase où elles seraient tenues dans un vide constant et parfait.

71° Qu'en 1855, MM. Morel Fatio et Verdeil proposaient pour la conservation le moyen suivant : On soumet à l'action de la vapeur, sous une pression de 4 à 5 atmosphères, les substances à conserver, en faisant usage d'un appareil particulier. Ces substances cuisent, disent-ils, sans perdre de leur qualité. Lorsqu'elles sont cuites, on retire de l'appareil et on les fait sécher dans des étuves chauffées et pourvues de ventilateurs, ou dans un courant d'air chaud forcé, ou encore dans un appareil à faire le vide : l'action de la vapeur d'eau coagule l'albumine et détruit les principes fermentescibles. On les sèche ensuite à une basse température pour les priver de l'eau qu'elles contiennent. Les substances ainsi préparées se conservent un temps indéfini.

72° Qu'en 1856, M. Fortier a pris un brevet pour la conservation des viandes par les moyens suivants :

On produit un double vide à l'aide d'un bain-marie à haute température, et par aspiration au moyen de la condensation de liquides conservateurs.

Les bains à haute température sont composés de muriate de chaux et d'étain. Des vases à fermetures hermétiques sont destinés à recevoir les viandes. Après leur introduction, on ferme ces vases, on les soumet au bain-marie, de manière à expulser l'air renfermé, puis on fait absorber par le vide le liquide conservateur placé dans un autre vase au moyen d'un tube. On peut, de la sorte, introduire des corps gras, gélatineux et toute substance liquide ayant pour effet de s'opposer à la putréfaction.

73° Qu'en 1856, M. Schooley prit un brevet qui avait pour

but de démontrer la propriété que possèdent les courants d'air glacé de conserver les viandes et de les soustraire à la putréfaction.

74° Qu'en 1856, la Compagnie des rations de viande (M. Tissier représentant) prit un brevet pour le mode de conservation que nous allons faire connaître :

On découpe la viande, on l'introduit dans des vases spéciaux; on porte ces vases dans une étuve à courant d'air chaud parfaitement sec. On retire les viandes de ces vases après dessiccation, on les enveloppe dans une vessie ou dans du papier goudronné. La Compagnie se proposait de faire servir les viandes ainsi conservées à la nourriture des armées de terre et de mer.

75° Qu'en 1856, M. Faitte proposait le procédé suivant :

On dessèche par un courant d'air; on place les viandes ainsi desséchées dans une étuve dans laquelle on place un fourneau rempli de charbon allumé, qui donne lieu à de l'acide carbonique ; on jette sur les charbons allumés quelques plantes aromatiques préalablement alcoolisées.

La chambre doit contenir des substances asséchantes, du chlorure de calcium et d'autres agents susceptibles d'attirer l'humidité de l'air.

76° Qu'en 1856, M. de Molon affirmait qu'on pouvait conserver les substances alimentaires à l'état frais, en enfermant les substances à conserver dans une feuille d'étain, en appliquant exactement cette feuille ; trempant ensuite l'objet enrobé dans une dissolution de colle de pâte et de mélasse, laissant sécher, puis recouvrant le tout d'un enduit hydrofuge.

77° Qu'en 1856, M. Audicq indiquait pour la conservation des viandes le procédé suivant :

On trempe les viandes à conserver dans un liquide composé de vinaigre ordinaire et d'acide acétique ; on fait sécher, on place dans des vases, et l'on verse dessus une couche de corps gras.

78° Que dans la même année, M. le docteur Dussourd donnait le procédé suivant pour la conservation des viandes :

On fait un sirop de sucre et d'alcool, ou un sirop de sucre et de vinaigre ; on trempe dans ce sirop les viandes à conserver, on les immerge ensuite à plusieurs reprises dans une solution de gélatine.

Depuis, M. Dussourd dit qu'on pouvait conserver les viandes dans le sirop de sucre sans faire usage de la gélatine.

79° Qu'en 1856, M. Marle, déjà cité, a proposé, pour la conservation des viandes, l'emploi d'un poêle à trois tuyaux, l'un amenant un courant d'air chaud, l'autre pour la conduite de la fumée, le troisième pour le chargement du poêle.

On place dans la chambre où se trouve cet appareil, les substances à conserver, on met dans un vase de la craie et de l'acide sulfurique, afin d'obtenir de l'acide carbonique, puis, après saturation et dessiccation des substances, on les retire de l'appareil pour les plonger dans de la gélatine, enfin on les enferme dans du tan.

Plus tard, M. Marle indiquait de placer les substances séchées dans le tan, la sciure de liége, l'alpha, *espèce de pâte de papier obtenue* du jonc.

80° Qu'en 1856, M. Salles proposa la conservation des substances alimentaires par un procédé qui consiste à chauffer ces substances dans un bain-marie, en faisant usage de la vapeur, afin de sur-élever la température.

81° Que dans la même année, M. Gorges prenait un brevet pour la conservation des viandes par le procédé suivant :

On prend des viandes, on les enveloppe dans un linge mouillé, on trempe le paquet contenant la viande dans une solution argileuse, on place le tout sur un gril, on fait sécher ; après le séchage, on enlève l'enveloppe argileuse, on porte les matières dans un appareil de dessiccation à l'air libre. M. Gorges prétend qu'on réussit par ce mode de faire.

82° Qu'en 1856, M. Grenier de Salencour prit un brevet

ressemblant à beaucoup d'autres, car il s'agit de dessécher la viande par des absorbants ou par un courant d'air chaud, à la soumettre à un courant d'acide carbonique, résultat de la combustion du charbon, puis à tremper les matières, ainsi traitées, dans une gélatine tannée.

83° Qu'en 1856, M. Rumel proposa de conserver les viandes en les recouvrant de glycérine.

84° Que, toujours dans la même année, M. Vedimer, dit Aubert, se fit breveter pour le procédé suivant :

On enferme, dans une chambre close, les substances alimentaires que l'on veut conserver. On introduit dans cette chambre, où l'on produit du gaz par le chlore et l'acide sulfurique, on retire après imprégnation de ce gaz, et on trempe dans une solution gélatineuse.

85° Qu'en 1856, MM. Swati et Kirchoff ont indiqué pour conserver les viandes, de les placer dans un milieu entouré de glace, procédé qui n'a rien de nouveau, quoique breveté.

86° Qu'en 1856, MM. Garnier, Faucheux et Tison, se sont fait breveter pour les moyens suivants :

On divise la viande, on la saupoudre de salpêtre, on l'enferme dans des boîtes contenant le moins d'air possible, on fait un bouillon gélatineux avec les cartilages, puis un jus concentré avec les warechs blancs, on mêle les deux décoctions, on en recouvre les viandes, et on ferme hermétiquement les boîtes, enfin on soumet au bain-marie.

87° Dans la même année, M. Rodel proposa, pour la conservation des substances azotées, l'emploi d'un vase pneumatique, au fond duquel est placé un tube percé de trous, par lequel on introduit de la vapeur sèche.

88° Qu'en 1856, M. Variner indiqua les moyens suivants de conservation : 1° l'extraction de l'air de la substance à conserver par un appareil pneumatique ; 2° l'injection de la glycérine ou de tout autre agent conservateur ; 3° l'enrobage des substances avec de la glycérine mêlée à des corps absorbants, le charbon, l'alumine, etc.

89° Qu'en 1856, MM. Cellier, Blumenthal et Chollet, indiquent la conservation de la viande par la dessiccation; mais ils la divisent de manière à la réduire en poudre, mode de faire qui est connu depuis longtemps, puisque les Tartares, les Mongols, les Kalmoucks, les Chinois, font usage de la poudre de viande.

90° Qu'en 1856, M. Rasmyth a indiqué des modifications à la méthode d'Appert pour la conservation de la viande.

Voici quelles sont ces modifications. On renferme, comme à l'ordinaire, les substances qu'on veut conserver dans des boîtes en étain ou étamées, on soude le couvercle qui porte à la partie supérieure un petit tube en étain. Ces substances sont, autant que possible, suspendues dans les boîtes, et quand le couvercle a été soudé, on verse dans les boîtes, par le petit tube qui a été soudé, une petite quantité d'alcool ou de tout autre liquide pouvant se volatiliser à une température inférieure à l'eau, on place ces boîtes dans le bain d'eau chaude, le tube en dehors, et on soumet à une chaleur capable de vaporiser l'alcool; celui-ci se réduit en vapeur et chasse l'air renfermé dans les boîtes. Quand, en approchant une bougie allumée du tube, les vapeurs qui s'en échappent prennent feu, et se retirent avec une flamme bleue, et que tout l'alcool est évaporé, on ferme les tubes, soit par pression, soit par la fusion.

On peut encore introduire de l'alcool en vapeur dans les boîtes, mais il faut alors que les boîtes aient deux tubes, l'un pour l'introduction de l'alcool, l'autre pour la sortie de l'air.

91° Qu'en 1857, M. de Châteauvieux faisait connaître par une lettre de Genève du 8 janvier 1856, que depuis longtemps il avait réalisé le problème : 1° de conserver les viandes à l'air libre; 2° d'obtenir une poudre avec la viande desséchée; mais il ne fait pas connaître son procédé.

92° Qu'en 1857, M. Delmas établissait qu'il conservait les viandes à l'air libre sans vase clos, sans sel ni fumée, en les soumettant à l'action d'un courant d'air chaud, et en les recouvrant, lorsqu'elles sont sèches, d'un vernis composé de colle, de gomme arabique, de sucre et d'alcool.

93° Que M. Daudrant, en 1855, indiqua le procédé suivant pour la conservation des viandes :

On fait fondre de la résine ; quand elle est bien fondue, on y trempe une première fois la viande, on laisse refroidir, on trempe une deuxième fois, puis on immerge ensuite dans une couche de gélatine ou de goudron.

Ce mode de conservation nous paraît être propre pour les matières qui peuvent servir d'engrais, mais non pour des substances alimentaires.

94° Que MM. Lemettais et Bonière ont indiqué, en 1857, le procédé que nous allons décrire :

On fait une dissolution de chlorure de sodium ou de chlorure de potassium, on y trempe les matières à conserver, on les place ensuite dans des enveloppes imperméables en gutta-percha ou en caoutchouc, on met ces sacs dans du gaz acide carbonique.

91° Enfin, qu'en 1857, M. Petit de Monseiglo prit un brevet pour la conservation des substances alimentaires, en les plaçant sur une claie unique mise en mouvement par rotation dans un courant gazeux chaud.

Nous avons indiqué, aussi brièvement que possible, les divers procédés proposés jusqu'ici pour la conservation de la viande, conservation qui est pour les populations d'une immense importance. Dans un prochain numéro, nous exposerons ce qui a été mis en application jusqu'à présent avec succès, et le point où nous en sommes sous le rapport de l'alimentation publique.

Parmi les agents de conservation des substances alimentaires à l'air libre, dont on a essayé l'application jusqu'à ce jour, le gaz acide sulfureux est celui qui, selon nous, a donné les résultats les plus remarquables au point de vue scientifique, selon les uns; selon les autres, au point de vue pratique et industriel. Mais ce moyen, d'après quelques personnes, n'aurait donné que des résultats incomplets, insuffisants, qui ne peuvent par conséquent rendre à la consommation les services que, dans la pensée des inventeurs, il était appelé à rendre, en permettant d'aller chercher des viandes dans les contrées éloignées pour les transporter sur nos marchés, à un état tel qu'elles puissent servir à l'alimentation (1).

Tous les procédés qui ont été essayés jusqu'ici offrent, on le sait, l'irrémédiable inconvénient de n'être pas d'une application certaine dans leurs résultats, ce qui les rend alors impossibles, commercialement parlant; car une exploitation basée sur des procédés dont le succès serait incertain, amè-

(1) L'emploi de l'acide sulfureux date d'avant 1837 : Braconnot dit que J. Davy l'avait recommandé pour la conservation des pièces anatomiques. En recherchant dans les ouvrages publiés, nous trouvons que Pontet, de Marseille, annonçait à Parmentier, par une lettre datée du 22 octobre 1810, qu'il avait autrefois cherché sans succès à *mûter* du sang de bœuf, pour avoir en bon état, à sa disposition, un clarifiant; mais qu'ayant repris son travail, il était parvenu à conserver, depuis un mois, du sang parfaitement mûté, sans qu'il eût éprouvé le moindre symptôme de fermentation putride.

Le procédé qu'il a employé consiste à faire absorber, par une simple agitation, deux à trois fois, le volume du gaz obtenu de la combustion des mèches soufrées.

Pontet dit : 1° qu'un seul mûtage ne fait que retarder la putréfaction de quelques jours;

2° Que le gaz sulfureux qu'on unit au sang en aussi grande quantité ne le détériore pas, tandis que les acides minéraux, que le vinaigre même, l'altèrent;

3° Que le sang ainsi mûté est d'un beau rouge, se dissout dans l'eau, clarifie très bien les liqueurs avec lesquelles on les chauffe, et jouit enfin, comme clarifiant, de toutes les propriétés du sang frais qu'il doit à la présence du gaz qu'il contient.

Dans un mémoire sur la fermentation, Gay-Lussac faisait connaître le mûtage des sucs par l'acide sulfureux.

nerait à coup sûr la ruine des négociants qui voudraient entreprendre une spéculation basée sur leur application.

L'insuccès des applications paraît, selon nous, provenir beaucoup moins de l'incapacité des agents conservateurs signalés que de l'absence de méthodes; et, chose remarquable pour un objet de cette importance, on voit que les habiles observateurs, qui sont connus par des travaux qui ont eu des succès, résultats de longues expériences, ne se sont pas occupés d'une question que nous regardons comme d'une immense importance, puisqu'il s'agit de la nourriture de l'homme: nourriture qui, chaque jour, devient plus difficile et d'un prix plus élevé.

Si la question eût été plus amplement étudiée, on n'aurait pas opéré au hasard sans se rendre compte de l'effet produit ou de l'effet à produire; on a, il est vrai, constaté des faits intéressants, des succès et des insuccès, mais on n'en a pas jusqu'ici indiqué la cause. De ces faits contradictoires, c'était cependant cette cause qu'il fallait étudier; c'est ce que les inventeurs n'ont pas fait.

Une des causes des insuccès, c'est que souvent celui qui fait une découverte est borné dans ses moyens d'argent, et qu'il ne peut faire des essais qui exigent des sommes plus ou moins considérables, des déplacements, des études longues et pénibles.

La solution de la question sera faite lorsque le souverain qui nous gouverne dira: *Je veux savoir si on peut conserver les aliments, comment on peut les conserver à un prix tel que la population puisse en faire usage; je veux qu'on étudie la question.* Cet ordre donné des études seront faites, des résultats seront obtenus.

Nous ne craignons pas de dire que la réponse, résultat de ces travaux, sera affirmative, et qu'il sera établi que la conservation des substances alimentaires à des prix modérés peut être opérée.

La solution affirmative de cette immense question aura des avantages qui peuvent facilement se concevoir ; dans diverses localités, où aucune industrie n'est appliquée, la conservation d'aliments, pour les porter au loin, deviendra pour le pays une source de travaux et de richesses ; de plus, les produits exportés seront vendus à des prix qui en permettront l'usage, dans tous les temps de l'année, aux familles nombreuses, à la population moyenne, qui pourra faire servir à la nourriture des produits qui, à l'époque actuelle, ne peuvent se trouver que sur les tables des personnes aisées.

Quoi qu'il en soit, il ne faut pas croire que nous soyons aussi dépourvus de moyens de conservation que certaines personnes le prétendent. Nous avons fait usage de produits conservés par l'acide sulfureux, et qui avaient été préservés par les procédés mis en pratique par la société Garnier frères, Faucheux, Tison et compagnie. Ces produits étaient *des gigots*, *des filets*, *des tranches de bœuf*. L'usage qui en fut fait dans un déjeuner et dans un dîner donné à Enghien, et dans des dîners donnés dans diverses localités, vingt, trente et quarante jours après l'application du procédé de conservation, avait fait prendre à ces viandes une coloration un peu foncée ; mais ces aliments étaient d'un excellent goût et d'une excellente qualité.

Nous rappellerons ici que nous avons présenté à la société d'encouragement, au nom de MM. Garnier frères et Tison, deux moutons entiers, qui, tués à Alger, vidés, dépouillés depuis un mois, avaient été soumis à un courant d'acide sulfureux ; les viandes de ces deux moutons étaient dans l'état le plus satisfaisant, et elles eussent pu être vendues dans toutes les boucheries de la capitale.

Quelques personnes ayant établi que l'emploi de l'acide ulfureux n'avait pas d'efficacité (1), ce que nous ne pouvions

(1) On doit se demander si ceux qui n'ont pas réussi n'avaient pas fait usage de viandes déjà altérées.

comprendre, puisque nous avions complétement réussi dans des expériences de conservation que nous avions tentées, nous avons voulu faire une expérience décisive, nous avons voulu que l'application de l'acide sulfureux fût faite en province, par un boucher n'ayant aucune idée du procédé, mais ayant intérêt à conserver sa viande à un état convenable pour l'alimentation; à cet effet, nous fîmes partir pour AUTHON (Eure-et-Loir) un appareil pour la conservation de la viande à l'aide de l'acide sulfureux; nous priâmes un de nos amis, M. Delbasset, qui habite cette petite ville, de vouloir bien remettre cet appareil au boucher de la localité, de suivre les opérations, et de nous faire connaître les résultats qui seraient obtenus.

Ce que j'avais demandé fut mis en pratique, et voici ce que M. Delbasset m'écrivait par sa lettre du 9 novembre 1857 :

« J'ai opéré sur des viandes avec l'appareil conservateur » que vous avez envoyé ici; l'expérience a parfaitement réussi. » J'ai agi sur du mouton (de la poitrine). Cette viande a été » mangée chez votre maître d'hôtel, quatre semaines après, » sans avoir aucun mauvais goût; la viande était seulement » noircie par le laps de temps écoulé : *notez* que cette con- » servation avait eu lieu pendant les grandes chaleurs du mois » d'août dernier.

» Une seconde opération, pendant les mêmes chaleurs, a » été faite sur de la viande de bœuf; on l'a mangée trois se- » maines après : M. Lelong et M. Blotin (*le notaire et le juge » de paix*) ont vu faire les opérations. »

On voit, d'après ce que nous venons de faire connaître, que la question est tranchée, et que si l'on ne réussit pas, c'est qu'on ne veut pas réussir, ou qu'on apporte de la négligence dans la mise en pratique des procédés; il reste seulement à examiner, 1° quelles sont les dimensions des morceaux de viande à exposer au contact de l'acide sulfureux gazeux, et si des morceaux trop gros ne présenteraient pas des difficulté

2° si la viande ne doit pas être prise aussitôt que l'animal est abattu pour la soumettre à l'acide sulfureux gazeux ; 3° quelles seraient les mesures à prendre si l'on voulait transporter des viandes passées à l'acide sulfureux d'un pays lointain à un autre pays ; mais il nous est démontré qu'on peut parfaitement, dans l'état actuel de nos connaissances, conserver dans les petites villes, dans les bourgs, dans les villages, les morceaux d'un bœuf, ceux des moutons, des veaux, pour les transporter d'une commune à une autre, sans qu'il y ait de crainte que ces viandes subissent des altérations capables de les empêcher de servir à l'alimentation.

De la conservation des matières végétales.

Maintenant que nous avons fait connaître les modes de conservation proposés pour les substances animales, nous allons indiquer ce qui a été fait relativement aux matières végétales.

Les premiers essais sur la dessiccation des matières végétales ont été tentés par les pharmaciens et par *les récolteurs de plantes*. En 1663, Boyle s'en occupa ; mais nous ne connaissons rien de lui qui se rapporte à l'économie domestique. Les premiers essais importants se trouvent décrits dans la feuille du *Cultivateur* du 17 mars 1795. Dans cette feuille sont rapportés les procédés dus à M. Eisen, ministre protestant, de Torma, en Livonie, pour dessécher toutes sortes de plantes potagères, afin de les conserver pour le besoin. Voici ce que nous trouvons dans ce journal (1) :

(1) En 1790, un pharmacien de Versailles, dont nous ne connaissons pas le nom, conservait dans un mélange d'esprit-de-vin et d'eau les substances végétales.

Un voyageur, Carrier, conservait les fruits en les soustrayant au contact de l'air ; il avait mis ces fruits dans un baril fermé hermétiquement ; il plaçait ce baril dans une caisse remplie d'eau, et qui fut tenue constamment pleine ; le tout arriva au Havre. Quarante-huit jours après le départ, on reconnut que les fruits étaient entièrement sains et bons à manger. Ce fait fut communiqué à l'Académie des sciences de Paris, qui chargea MM. de Jussieu et de Fougerous de faire un rapport. Ce

Méthode économique pour dessécher toutes sortes de plantes potagères, publiée d'après les procédés de M. Eisen, ministre protestant à Torma, en Livonie, par le citoyen GRUVEL, *docteur en médecine* (1).

Nous ne parlerons point ici de la dessiccation des végétaux, telle qu'elle est en usage chez les apothicaires; on trouvera dans le *Dictionnaire de chimie et de pharmacie* tout ce qui est relatif à cette matière. Notre but principal est de faire connaître plus particulièrement une méthode économique pour dessécher toutes sortes de plantes et racines potagères, proposée par M. Eisen, ministre protestant à Torma, en Livonie. Les végétaux desséchés, d'après la méthode de M. Eisen, conservent non-seulement *une partie de leur goût, mais plusieurs ne perdent presque rien de la couleur qui leur est propre dans l'état de fraîcheur.*

La méthode de M. Eisen a encore un autre avantage sur toutes celles qui jusqu'ici ont été mises en pratique pour dessécher des végétaux à l'usage de la cuisine : *c'est de n'occuper que peu de place, chose très importante lorsqu'on les destine pour l'approvisionnement d'une flotte ou d'une armée. Pour cet effet, il en forme de petits paquets d'une ou deux livres, d'après les procédés que l'on emploie dans les fabriques de tabac pour mettre en paquets le tabac à fumer* (2). On comprend bien que les végétaux que l'on veut *entasser* de cette manière, et sans les réduire en poudre, doivent être coupés ou réduits en petites tranches ou lames, à peu près comme le tabac à fumer. *Lorsqu'ils sont parfaitement secs, M. Eisen conseille de les humecter, ou avec un peu d'eau, ou bien avec une petite quantité de vinaigre, pour leur rendre le degré de souplesse que cette opération exige*, sans quoi le rapprochement des parties n'a lieu qu'imparfaitement et augmente non-seulement le volume du paquet, mais y occasionne encore des vides qui recèlent une certaine quantité d'humidité contraire à la conservation des substances végétales. On n'a pas besoin de craindre que l'eau et le vinaigre dont on a humecté les végétaux secs, et que l'on veut mettre en paquets, nuisent à leur conservation. Le papier gris dont M. Eisen fait l'enveloppe de ses paquets en absorbe une

savants déclarèrent que les faits communiqués étaient dignes de fixer l'attention de l'Académie, et qu'il y avait lieu d'encourager l'auteur, mais qu'il fallait l'engager à faire de nouvelles expériences.

(1) Ces procédés ont été publiés avant la mise en pratique de beaucoup de procédés qui ont été brevetés depuis cette publication.

(2) On sait qu'on comprime le tabac dans des formes, à l'aide de presses. On trouve dans la *Bibliothèque des jeunes gens*, Paris, 1807, t. VII, p. 84, le passage suivant qui est relatif au tabac : « On en forme des paquets que l'on entasse, à l'aide d'une presse, dans des tonnes capables de contenir plus d'un millier pesant. »

portion, et la chaleur à laquelle il expose ensuite ces paquets enlève le reste (1).

M. Eisen a desséché non-seulement toutes les plantes et racines potagères, comme plusieurs espèces de choux, betteraves, navets, asperges, oignons, et même de citrouilles et courges. Il suffit de suivre les préceptes qu'il donne là-dessus pour se convaincre de la possibilité de l'entreprise.

Il est essentiel que la substance végétale que l'on veut dessécher soit cueillie dans son état de perfection. Cette précaution n'est pas inutile : certaines plantes ne possèdent que dans leur jeunesse, et lorsqu'elles commencent à se développer, les qualités qui les font rechercher. D'autres n'acquièrent que lorsqu'elles sont arrivées au dernier degré de leur accroissement la saveur et la perfection qui leur sont propres; il y en a enfin qui ne sont bonnes à manger et à être conservées que lorsqu'elles semblent pour ainsi dire sur le point de périr. Ceux qui se sont occupés de la conduite d'un jardin potager connaissent bien les différents âges dans lesquels les plantes potagères possèdent toutes ces qualités ; ainsi il serait superflu de s'étendre davantage sur cette matière.

Une observation non moins essentielle que la précédente, c'est de n'employer pour la dessiccation que les plantes fraîchement cueillies. Ceux qui veulent s'occuper de dessiccation en grand doivent surtout y faire attention, car les plantes fanées, surtout celles qui sont très succulentes, perdent non-seulement toutes leurs qualités, mais elles contractent presque toujours un goût fade et désagréable qui est une suite de l'espèce de fermentation qui s'y établit peu de temps après qu'elles ont été cueillies. On perdrait donc et son temps et son argent en s'occupant de dessiccation de plantes potagères achetées dans les marchés ou chez les fruitières, où souvent elles restent entassées pendant plusieurs jours et même des semaines entières.

Il est essentiel que les plantes potagères soient desséchées aussi promptement que possible ; ce point est surtout nécessaire lorsqu'on travaille en grand, et que l'on veut dessécher des plantes ou des racines succulentes. Les choux-fleurs, les jeunes pousses de brocolis et plusieurs autres racines, se sèchent non-seulement très lentement, mais elles deviennent coriaces et contractent une couleur peu agréable à l'œil, si, avant de les soumettre à la dessiccation, on n'a pas eu la précaution de les tremper à plusieurs reprises dans l'eau bouillante. L'expérience prouve que plusieurs espèces de fruits, sur-

(1) Lorsqu'on ne travaille que pour une petite quantité de végétaux, telle que la provision pour un ménage, il sera superflu de mettre en paquets les plantes ou racines desséchées ; il suffit de les tenir renfermées dans des boîtes, caisses, de tenir celles-ci dans un endroit sec et à l'abri de la poussière.

tout les poires et pommes, veulent être traitées de la même manière pour sécher plus promptement qu'à l'ordinaire. L'eau bouillante n'enlève ni aux plantes, ni aux racines et aux fleurs, leur goût sucré; il suffit de les plonger deux ou trois fois dans l'eau lorsqu'elle est en pleine ébullition, et de les retirer promptement. Il semble que, dans cette opération, l'eau, accompagnée de sa chaleur, ne fait que dénaturer une partie du principe mucilagineux, sans le détruire en entier, car les plantes succulentes traitées d'après cette méthode reprennent leurs premières forme et couleur aussitôt qu'on les laisse tremper quelques minutes dans l'eau chaude.

Outre les plantes fraîches, M. Eisen enseigne encore à dessécher toutes sortes de plantes et racines fermentées, comme choux, navets et betteraves. Il paraît que le goût décidé que les habitants de la Russie ont pour les végétaux qui ont contracté par la fermentation un goût acide, a porté l'inventeur de cette méthode à des essais qui ont complétement réussi, car les choux fermentés se dessèchent très bien et conservent pendant longtemps l'acidité qui rend ces préparations si salutaires.

Les grands poêles dont on fait usage dans tous les pays du Nord et dont la construction est souvent aussi ingénieuse qu'économique, ont paru à M. Eisen un des meilleurs moyens pour dessécher en petit, ou pour l'approvisionnement d'un ménage, les végétaux dont on veut faire usage pendant l'hiver. Il suffit de construire autour d'un pareil poêle un échafaudage en lattes, sur lesquelles on puisse placer les claies qui contiennent les végétaux que l'on veut dessécher. Cette méthode, qui ne demande aucune dépense de la part du propriétaire, n'est pourtant praticable que dans les pays où l'on fait usage de ces grands poêles; dans d'autres pays, surtout si l'on voulait s'occuper de la dessiccation en grand, il faudrait nécessairement faire construire des séchoirs exprès, ou bien donner, comme le conseille M. Eisen, une construction particulière aux fours des boulangers, qui ne refroidissent presque jamais, surtout dans les endroits où l'on fait plusieurs fournées de pain par jour.

La dessiccation des plantes et racines potagères ayant pour but leur conservation, on sera peut-être étonné de ce que l'auteur de cette méthode ait également soumis à des expériences des choux aigres ou fermentés, ainsi que des betteraves et plusieurs autres racines préparées de la même manière qui, cependant, se conservent plusieurs années, pour peu qu'on les garde dans un endroit tempéré. Cette partie du travail de M. Eisen n'est pourtant pas sans mérite. Les choux aigres, ou le *sauer kraut* des Allemands, se conservent à la vérité assez bien dans une température moyenne, mais ils demandent beaucoup de soins très répétés pour se maintenir en bon état dans des latitudes au delà des tempérées. Une autre considération paraît encore avoir éveillé l'attention de M. Eisen : *c'est le peu de volume qu'occupe le* SAUER KRAUT *desséché*, en comparaison de celui que l'on garde dans des pots de terre ou des tonneaux ; car, selon son calcul, la plupart des végétaux desséchés perdent à peu près trois quarts de leur poids par dessiccation ; mais cette déperdition n'est point au désavantage de la plante desséchée, parce que ce n'est que la partie aqueuse que la dessiccation fait disparaître, sans altérer sensiblement la saveur naturelle de la plante, toutes les fois qu'on aura suivi le procédé que nous avons indiqué précédemment et sur lequel nous reviendrons. Les choux aigres et les betteraves, que M. Eisen conseille de dessécher, ne demandent pas plus de soin que les autres végétaux ; il suffit de les enlever du vase ou du tonneau dans lesquels ils ont fermenté, de les placer sur des claies et de les dessécher promptement. Il propose encore de faire préparer pour les approvisionnements des vaisseaux une espèce de biscuits composés de farine ou de pâte ordinaire, et d'une certaine quantité de végétaux desséchés et hachés. Le procédé de M. Eisen pour faire ce biscuit ne conviendrait, sans doute, pas à tout le monde ; il serait peut-être beaucoup mieux de faire un choix dans les différents ingrédients que l'on veut amalgamer avec la pâte du biscuit que d'y faire entrer indistinctement toutes sortes de végétaux ; avec un peu de soin, on pourrait composer un biscuit salutaire et nourrissant en même temps.

En 1800, on publia dans le *Dictionnaire* une manière de dessécher les petits pois afin de les conserver pour en faire usage en hiver. Nous allons faire connaître le procédé mis en usage :

« On agit sur des pois carrés. On met pour un *litron* de pois une pinte d'eau, que l'on fait bouillir ; ensuite on met les pois dedans. Quand l'eau commence à bouillir, après l'addition des pois, on les retire, et il faut les jeter de suite sur un tamis. Quand ils sont bien égouttés, on les laisse sécher sur un autre tamis avec du feu très doux dessous. Il ne faut point les couvrir. On aura soin de remuer de temps à autre afin qu'ils ne se collent point. Il faut vingt-quatre heures par ce feu très doux pour les faire sécher. On fait de même pour les fèves blanches, les fèves de marais et les petits haricots verts. »

On trouve dans le même ouvrage, page 52, le procédé suivant pour la conservation des haricots verts :

« On cueille les haricots de la meilleure espèce et les plus tendres ; on les épluche, et on les fait ensuite blanchir en les jetant dans l'eau bouillante et en les retirant presque aussitôt, c'est-à-dire quand ils ont fait deux bouillons seulement ; il n'en faut pas davantage si l'on veut qu'ils conservent leur fraîcheur et leur goût.

» Pour faire cette opération commodément, on met une grande chaudière sur le feu dans laquelle on fait bouillir de l'eau ; lorsque cette eau est bouillante, on y plonge les haricots verts avec le panier d'osier dans lequel on les a mis, et on les retire aussitôt qu'ils ont tant soit peu bouilli. On peut le faire à différentes reprises, mais en laissant le même degré de cuisson.

» Aussitôt qu'on a retiré les haricots de l'eau, on les met sur des claies pour les faire égoutter ; on peut aussi les étendre sur une toile à un courant d'air : la toile absorbe une partie de l'humidité, et le courant d'air hâte l'évaporation. On les laisse ainsi sécher à l'ombre dans un grenier si le temps est chaud, et c'est la meilleure de toutes les méthodes. Les haricots se sèchent parfaitement et conservent un bel œil vert. Si on les exposait au soleil, ils blanchiraient et perdraient le goût naturel ; mais les haricots que l'on conserve sont d'autant plus beaux qu'ils ont été choisis plus petits.

» Lorsque le temps n'est pas assez doux ni assez sec pour parvenir à les bien sécher, il faut, lorsqu'ils sont égouttés, les mettre dans le four quand il n'a plus qu'un léger degré de chaleur, après en avoir retiré le pain ; si la chaleur est trop grande, les haricots recuisent, et en séchant trop, la saveur s'altère.

» Lorsqu'on s'occupe de la dessiccation en grand, *il est essentiel que la substance desséchée occupe le moins de place possible.* »

En 1819, M. Musweemy indiqua pour la conservation des végétaux de les introduire dans des vases remplis d'eau, qui a été probablement soumise à l'ébullition, eau dans laquelle on place quelques morceaux de fer décapé couvrant l'eau contenant les substances d'une couche d'huile.

Lors de cet essai, les substances végétales ont été conservées par ce moyen ; quelques-unes seulement, d'une texture délicate, ont paru souffrir plus ou moins de l'eau, mais on atténue cette action en ajoutant un peu de sucre ou de gomme.

M. Chevet a fait connaître un procédé pour la conservation des substances végétales : il consiste à entourer les substances végétales d'une couche de chaux éteinte réduite en poudre et à empêcher l'air de les toucher. On agit de la manière suivante : on dépose les objets à conserver dans un vase approprié à leur nature, et on les range par lits entre lesquels on sème un lit de chaux éteinte en poudre d'une épaisseur plus ou moins grande, selon l'espèce de végétal ; ce vase non bouché est renversé sur un lit de chaux de 1 à 2 pouces (27 à 54 millimètres) d'épaisseur dans lequel l'orifice du vase se trouve entouré. M. Chevet dit avoir conservé du raisin par ce mode de faire ; le lit de chaux entre chaque couche était de 2 lignes seulement (4 millimètres 1/2). Les patates demandent 1 pouce (27 millimètres) d'épaisseur de chaux éteinte.

On trouve dans le *Journal de la Société des sciences physiques et chimiques* pour 1836, un procédé pour la conservation des jeunes gousses de haricots verts.

On effile ces gousses en ne les froissant pas, et en ne prenant pas celles qui sont trop avancées ; on les place dans un grand vase en grès muni d'un robinet à sa base ; on emplit le vase de ce légume sans laisser d'intervalle ; on couvre les haricots avec un couvercle en bois, et l'on soumet à une pression de 25 kilogrammes. Le cuvier ainsi arrangé est rempli d'eau de fontaine filtrée, que l'on renouvelle tous les jours pendant un mois, en laissant écouler par le robinet l'eau qui baigne les gousses. Après ce laps de temps on ne renouvelle plus l'eau que tous les deux jours, puis après quatre, puis après huit. Après trois mois d'une semblable manipulation, on ne renouvelle plus l'eau que trois fois par mois.

L'auteur prétend que les haricots ainsi conservés présentent, au milieu de l'hiver, le même goût qu'au moment de la récolte.

En 1837, Braconnot indiqua l'emploi utile de l'acide sulfureux pour la conservation des substances végétales. Dans un article qui se trouve dans les *Annales de chimie et de physique*, t. LXIV, p. 170, il dit qu'à l'aide de cet acide employé convenablement, on peut conserver facilement, et sans la moindre difficulté, des masses considérables de substances alimentaires pour les faire servir aux besoins des hôpitaux pour la marine et pour d'autres établissements. Ce savant disait qu'on pourrait l'obtenir par la mèche soufrée ou par tout autre moyen. Braconnot dit encore que l'on ne réussira qu'autant qu'on l'appliquera aux substances végétales tendres susceptibles de cuire promptement.

Le travail de Braconnot étant important, nous le rapportons textuellement ici.

« Deux moyens sont ordinairement employés dans l'économie domestique pour la conservation des légumes frais; on les recouvre d'une dissolution saturée de sel commun, ou bien on les expose dans des vases très exactement fermés, à une température plus ou moins prolongée selon leur nature. Ce dernier moyen n'a pas, comme le premier, l'inconvénient de communiquer aux légumes un goût saumâtre; mais en raison des difficultés ou des soins minutieux qu'il exige, il n'est guère employé dans les ménages que pour la conservation des petits pois ou de quelques fruits. A la vérité, on y supplée, jusqu'à un certain point, en recouvrant les légumes préalablement cuits et bien égouttés d'une couche de beurre ou de graisse légèrement liquéfiée. C'est ainsi que pour la provision d'hiver on conserve dans de petits vases l'oseille; mais celle-ci retient quelquefois une saveur peu agréable, due, sans doute, à un peu d'air qu'il est difficile d'expulser complétement; et d'ailleurs la graisse qui a servi de couverture n'est plus propre aux usages alimentaires.

» Dans l'espérance de pouvoir remédier à ces divers inconvénients, j'ai tenté de nombreux essais qui, la plupart, ont été infructueux. Ainsi, contrairement aux observations de Pringle, j'ai reconnu que les alcalis affaiblis, bien loin de retarder la fermentation putride, l'accélèrent d'une manière remarquable; j'ai aussi essayé les acides, parmi lesquels le sulfureux semblait offrir des chances de succès, puisque ses propriétés antifermentescibles sont connues depuis longtemps, et que d'ailleurs il a été recommandé dernièrement par

J. Davy pour conserver les pièces anatomiques. Il a sur les autres acides un avantage qui permet de l'employer de préférence ; c'est qu'il contracte avec les tissus organisés une affinité si faible que la chaleur suffit pour le dégager complétement.

» Cependant, bien qu'avec cet acide je sois parvenu à conserver pendant longtemps toutes sortes de légumes frais, sans altération, il faut pourtant convenir que ceux dont la texture est naturellement serrée acquièrent à la longue bien plus de cohésion, en sorte que leur cuisson devient si difficile que ce mode de conservation ne peut être recommandé à leur égard. Cet endurcissement n'est point dû, comme on pourrait le supposer, à l'acide sulfureux : il est l'effet du temps. On sait, en effet, que les légumes récemment cueillis cuisent incomparablement plus vite que lorsqu'ils ont été exposés, pendant quelques jours, à l'air, même avec la précaution de les asperger d'eau. Afin d'apprécier cet effet, j'ai rempli une bouteille de jeunes haricots en gousse nouvellement cueillis, et après avoir exactement bouché la bouteille, je l'ai exposée dans un bain-marie, seulement jusqu'à la température de l'ébullition. Quelques mois après, ils avaient conservé leur belle couleur verte : mais cinq heures d'ébullition soutenue dans l'eau salée n'ont pu déterminer leur cuisson, qui n'a été effectuée qu'avec une légère dissolution de potasse. Des pois verts, conservés de la même manière, ont fermenté, et on n'a pas mieux réussi à les cuire.

» Je vais indiquer les résultats satisfaisants que j'ai obtenus.

» Le 1er octobre 1836, on a rempli aux trois quarts, d'oseille récemment cueillie, une futaille munie d'une porte à laquelle était fixé un fil de fer pour y suspendre une mèche soufrée ; on y a mis le feu et fermé la futaille, après avoir préalablement placé sur les feuilles un bout de planche pour les garantir des débris de la mèche en combustion. Après quelque temps d'action le tonneau a été agité, afin de mettre la surface des feuilles en contact avec l'acide sulfureux qui a été absorbé peu à peu. On a encore méché à deux reprises différentes, en observant les mêmes précautions ; alors l'oseille, après avoir laissé échappé son eau de végétation, semblait être cuite. On a introduit le tout dans des pots de grès, qui ont été mis à la cave, sans autre précaution que de les couvrir d'un parchemin. Toute cette provision d'oseille a été consommée dans le courant de l'hiver, et ce qui en restait encore, le 11 avril, était dans le plus parfait état de conservation. Quand on veut s'en servir, il ne s'agit que de la laisser tremper pendant quelques heures dans de l'eau. Sa cuisson n'exige pas plus de temps que l'oseille récemment cueillie, et elle est d'un goût tout aussi agréable lorsqu'elle a été convenablement accommodée.

» Le 5 juillet, de la laitue romaine ou chicorée, étiolée et tendre, exposée comme l'oseille à l'action de l'acide sulfureux, a absorbé promptement ce gaz et s'est réduite à un petit volume, en abandonnant la plus grande partie de son eau de végétation ; elle a été mise ensuite à la cave avec une grande partie de cette eau, dans un vase de grès couvert de parchemin. Cette laitue, préalablement immergée dans l'eau l'espace de douze heures, a fourni à plusieurs reprises, pendant l'hiver, un très bon mets, jusqu'au 2 avril, où il n'en restait plus. De la laitue et de l'endive, blanchies par l'étiolement, ont pareillement donné de bons résultats.

» Le 19 mai, des asperges, méchées comme ci-dessus, se sont ramollies en laissant échapper leur eau de végétation ; on les a abandonnées à la cave, avec la même eau, dans un pot fermé par un parchemin : elles ont fourni, à différents intervalles, un mets généralement fort recherché, surtout pendant l'hiver. Ce qui restait de cette provision d'asperges n'était pas encore épuisé le 7 avril suivant ; on en a mis encore dégorger dans l'eau pendant vingt-quatre heures, après quoi on les a jetées dans l'eau bouillante contenue dans un pot de fer muni de son couvercle, et on a entretenu l'ébullition pendant environ une heure et demie, temps qu'elles ont demandé pour cuire. Apprêtées convenablement, ces asperges avaient la plus belle apparence et ont été jugées très bonnes.

» D'après ce qui précède, on conçoit qu'à l'aide de l'acide sulfureux, employé convenablement dans les circonstances que je viens d'indiquer, il sera facile de conserver, sans la moindre difficulté, des masses considérables de produits alimentaires, pour les faire servir utilement au besoin des hôpitaux de la marine et autres établissements. On pourra alors substituer à la mèche soufrée un dégagement d'acide sulfureux, obtenu par d'autres moyens ; mais, je le répète, cet acide ne sera utilement employé qu'autant qu'on l'appliquera aux substances végétales tendres susceptibles de cuire promptement. »

En 1840, MM. Bertrand et Feydeau ont indiqué pour la conservation des fruits de les introduire dans des flacons bien bouchés, et de les exposer à la chaleur du bain-marie.

Ce mode de faire n'est, selon nous, que la méthode d'Appert, qui est maintenant connue de toutes nos ménagères.

En 1842, MM. Sylvestre et Alain, de l'École de Grignon, présentèrent à la Société d'horticulture de Seine-et-Oise des choux desséchés.

En 1847, M. Bowly a pris un brevet pour la conservation des légumes et des fruits ; ce brevet consiste à se servir d'une caisse à double paroi, dont les interstices sont garnis de charbon et de glace de manière à obtenir constamment une température de 1 degré au-dessous de 0.

En 1847, M. Genisson a indiqué pour la conservation des légumes et des fruits l'emploi de la cire vierge.

On immerge les fruits ou les légumes dans de la cire vierge fondue ; on les renferme ensuite dans des caisses qui sont placées à l'abri de l'humidité.

L'auteur prétend que ce moyen donne d'excellents résultats.

Dans la même année, M. Conche a fait connaître un procédé de conservation de la courge, qui consiste à la soumettre au laminoir afin d'expulser l'eau de végétation, à porter ensuite au séchoir ayant une température de 60 à 70 degrés pour opérer la dessiccation. Cette dessiccation obtenue on la réduit en poudre par la mouture, et on conserve pour l'usage.

En 1848, M. Dembeinski a indiqué l'emploi d'un appareil de dessiccation à air chaud et à claies mobiles, pour le séchage et la conservation des végétaux tuberculeux.

Déjà, en 1846, M. Mugnier avait indiqué pour le séchage des légumineuses l'emploi d'un appareil rotatoire.

Gannal, en 1850, communiqua à l'Académie des sciences un procédé pour la conservation des légumes par dessiccation, faisant usage d'un appareil traversé par un courant d'air chaud très énergique.

En 1850, madame Rubigny prit, le 13 mai, un brevet pour un moyen de dessiccation des légumes aqueux et farineux, par un procédé qui leur faisait perdre une partie notable de leur poids et de leur volume, en maintenant toutes les qualités de ces légumes, avec les avantages d'une conservation garantie pendant plusieurs années. Le procédé employé est la dessiccation.

Ce brevet établit que, pour obtenir de bons résultats applicables à tous les légumes aqueux et farineux, et plus particulièrement à la pomme de terre, aux potirons, aux navets, ces légumes doivent être bien lavés d'abord, puis placés dans des corbeilles d'osier pour être plongés dans une chaudière d'eau bouillante convenablement aromatisée avec du persil, du laurier, de la sariette, additionnée avec une quantité convenable de sel, quantité qui doit être en rapport avec la quantité de légumes soumis à la cuisson. Les pommes de terre doivent être retirées aussitôt qu'on s'aperçoit que la pellicule peut facilement être enlevée, opération à laquelle on procède immédiatement. On les place ensuite sur des claies, puis on les porte dans une étuve où elles sont soumises à l'action d'une température graduellement élevée de façon à les dessécher complétement; puis on les renferme dans des caisses ou dans des tonneaux pour les faire voyager, ou les tenir dans des magasins pendant plusieurs années sans subir d'altération.

Madame Rubigny établit que des expériences répétées lui ont fourni la preuve que des pommes de terre malades, et dont on séparait la partie attaquée, pouvaient être traitées ainsi qu'il vient d'être dit, de telle sorte que la partie saine pouvait parfaitement être conservée et qu'elle ne s'altérait plus; mais que cependant, par manière de précaution, il vaut mieux traiter à part et les pommes de terre saines et celles qui sont malades; qu'en agissant ainsi on pourra se convaincre que l'on peut tirer parti des pommes de terre malades.

A propos du potiron, madame Rubigny dit qu'il faut, avant toutes les opérations, le couper en tranches épaisses de 1 ou 2 centimètres sur 8 ou 10 centimètres en carré; placer ces tranches par lits dans une corbeille, les soumettre, comme les pommes de terre, à une légère cuisson en les plongeant dans une chaudière d'eau bouillante préparée comme il a été dit. Lorsqu'on s'apercevra que la cuisson est à un point convenable, on retirera la corbeille, et on soumettra le contenu à une pression graduée pour en exprimer l'eau; après quoi on formera des pains ou des tablettes de la chair du potiron, pour être portés à l'étuve jusqu'à parfaite dessiccation, et amenés à l'état tout à fait solide.

Le potiron coupé par tranches peut aussi être porté de suite à l'étuve et desséché, sans aucune préparation préalable; mais l'expérience a démontré que le premier mode de faire est préférable.

En 1850, M. Masson prit un brevet d'invention dans lequel il établit : 1° qu'il a fait un très grand nombre d'expériences, et que ces expériences lui ont donné des résultats qui ne laissent rien à désirer; 2° que les sociétés savantes, appelées à se prononcer sur ses travaux, en ont rendu un compte favorable; 3° que ces travaux n'ont pas seulement eu pour but la dessiccation des légumes, mais encore leur pression pour en réduire considérablement le volume, en mieux assurer la conservation et en faciliter le transport.

Les procédés de M. Masson ont pour but :

1° La dessiccation des légumes verts et des racines alimentaires; *les feuilles de choux de toute espèce, les épinards, l'oseille, les carottes, les betteraves, les navets, les haricots, les petits pois, les pommes de terre, les pommes, les poires, les cucurbitacées, comme les melons*, afin de les conserver pendant longtemps et de les employer ensuite avec le même avantage que les légumes frais.

2° La réduction de volume de ces différents légumes par des pressions énergiques qui en assurent la conservation, et les rendent plus facilement transportables.

L'auteur indique ensuite les moyens qu'il emploie, et qui consistent : 1° dans l'application de la chaleur artificielle obtenue, soit par l'air chaud, soit par la vapeur, soit par l'eau chaude; 2° dans l'application des appareils usités dans les industries diverses : les étuves, les fours, les calorifères, les fourneaux, les générateurs chauffés au bois, au coke, à la houille; 3° en faisant au besoin usage de la ventilation naturelle ou mécanique.

L'auteur dit qu'il suffit de soumettre les légumes à la chaleur artificielle produite par un des appareils indiqués ci-dessus à des températures variables, pendant un temps plus ou moins long, en rapport avec la nature des substances à dessécher et la quantité de ces substances, et l'emploi ou non de la ventilation mécanique et artificielle.

Le breveté dit qu'il a desséché des feuilles de choux divisées : 1° sur un dessus de four; 2° dans une étuve chauffée de 20 à 30 degrés; qu'il suffisait de trois jours pour obtenir ces feuilles parfaitement sèches, sans aucune altération de leur qualité et de leur couleur naturelle.

Il ajoute : 1° que le chou desséché, ainsi qu'il vient d'être dit, perd les 3/4 de son volume et les 9/8es de son poids, soit 7 parties dans les 8 de choux employés frais; 2° que ce chou desséché reprend ensuite cette même quantité d'eau quand on veut l'employer, et qu'il suffit d'une macération préalable de trente à soixante minutes; 3° que par cette dessiccation on peut obtenir la conservation de ces légumes à un degré très satisfaisant; qu'en effet, il a obtenu des récompenses et des rapports honorables pour le résultat de ses opérations.

Passant à un autre ordre d'idées, M. Masson fait connaître une partie de son invention dans l'application de presses puissantes pour convertir les légumes séchés en tourteaux, qui sont ensuite conservés dans des paniers ou dans des caisses en zinc hermétiquement fermés, de manière à présenter peu de volume et à être expédiés pour les voyages de long cours. Pratiquant sur ces tourteaux des espèces de rainures qui puissent signaler les portions à découper, lorsqu'on veut les séparer par portions représentant une certaine quantité de légumes.

Il dit aussi qu'on peut faire des mélanges de substances différentes dans des proportions connues : ainsi, on pourrait mêler des choux verts avec des choux rouges, avec des carottes, etc.

D'après des expériences de pression, on a vu qu'une balle de 30 centimètres de longueur sur 25 centimètres de largeur et 10 centimètres d'épaisseur, pouvait servir à serrer 6 kilogrammes de choux secs représentant 48 kilogrammes de choux verts.

M. Masson parle ensuite de la dessiccation des trognons de choux, des montants, et d'autres substances semblables qui peuvent être desséchées et réduites en poudre, et fournir des fécules destinées à être employées dans l'usage alimentaire.

En 1851, M. Hardy prit un brevet d'invention (17 janvier 1851) pour la conservation des végétaux ; c'est au moyen de la dessiccation par l'air froid ou chaud que M. Hardy obtenait la dessiccation de la betterave et des autres racines saccharifères succulentes.

Dans le nord, une foule de cultivateurs dessèchent la betterave coupée, après lavage, en parallélipipèdes, en la plaçant sur des grillages en fil de fer et l'exposant à la chaleur produite par la combustion de briquettes faites avec du poussier de charbon mêlé d'escarbilles et de terre.

En 1852, M. Bergeret prit un brevet d'invention pour la dessiccation des légumes. Le procédé de M. Bergeret consistait à laver la pomme de terre, à la faire cuire, à la retirer, à la porter dans une étuve à air chaud, pour en opérer la dessiccation, pour la réduire ensuite en semoule.

En 1852, MM. Loiseau et Ce prirent un brevet pour la conservation des substances végétales ; leur mode de faire consistait à placer les légumes à dessécher sur les plateaux d'un séchoir à articulation, dans une étuve mobile. Voulant opérer la dessiccation des légumes et des fruits, telle qu'elle est faite maintenant par les industriels, ils reconnurent que les étuves employées jusqu'ici présentent des inconvénients, et demandèrent un privilége pour la construction d'une étuve particulière, afin d'éviter les inconvénients par eux constatés.

L'étuve pour laquelle ils se sont fait breveter, au lieu de présenter la forme carrée, est de forme cylindrique ; par l'axe du cylindre, on fait passer un arbre en fer portant des croisillons entre lesquels sont suspendues des lanternes de fer. Ces lanternes sont destinées à recevoir des châssis chargés de légumes. Elles sont maintenues entre les croisillons par des tourillons mobiles, de telle sorte que les lanternes sont toujours dans une position perpendiculaire. L'arbre est mis en jeu par le moyen d'une roue dentée et d'une vis sans fin qui peut être mise en mouvement par un moteur quelconque, de manière à faire opérer à l'arbre une révolution en deux ou trois minutes.

Sur l'un des côtés de l'étuve on a disposé des trappes au moyen desquelles, à mesure que l'arbre tourne et amène chaque lanterne, on peut charger ou décharger ces lanternes en relevant les châssis supportant des légumes à sécher. Deux bouches de chaleur, qui se trouvent disposées au bas de l'étuve, servent à amener un courant d'air chaud qui, après avoir tourbillonné dans l'étuve, s'échappe par une ouverture à soupape située en haut de l'étuve. L'action de l'air chaud est activée au moyen d'un ventilateur constamment en activité, et dont l'orifice donne sur la cloche du calorifère.

L'auteur de ce procédé établit :

1° Que la chaleur se distribue plus exactement et plus facilement dans l'étuve cylindrique ;

2° Que le ventilateur joue un grand rôle, puisqu'il augmente constamment le volume d'air chaud fourni par le calorifère ;

3° Que cet air, arrivant dans l'étuve avec une grande force, y tourbillonne constamment, en s'échappant ensuite par l'ouverture à soupape, entraînant sans cesse l'humidité et laissant l'étuve à une température élevée, et active ainsi considérablement la dessiccation ;

4° Que les lanternes qui supportent les légumes, parcourant sans cesse l'étuve en tournant et qui se trouvent tantôt en bas, tantôt en haut, sont soumises en moyenne à une température égale, et que les légumes doivent se dessécher d'une manière uniforme.

On voit que l'auteur a eu pour but de prendre un brevet pour une étuve construite d'une manière différente de celles employées jusqu'à ce jour pour la dessiccation des légumes, se réservant d'employer celles qui sont dans le domaine public.

En 1853, MM. Rouget de Lisle et Jaillon prirent un brevet pour la conservation des légumes ; les procédés de ces industriels consistent : 1° dans la combinaison d'un fourneau de cuisine propre à la cuisson des substances alimentaires; 2° dans l'emploi d'une chaudière cylindrique dont le couvercle forme une fermeture hydraulique ou hermétique ou libre à volonté; 3° dans l'emploi d'une autre chaudière rectangulaire, munie également d'un monte-charge dit à crémaillères parallèles, qui servent à faciliter la manutention et le transport d'un grand nombre de bouteilles ou de vases renfermant des conserves alimentaires; 4° dans un monte-charge, tel qu'on le rencontre dans toutes les cuisines des grands hôtels et restaurants de Londres; 5° dans une chaudière hémisphérique propre à évaporer et concentrer le jus des légumes, le bouillon, le lait; 6° dans un appareil rotatif à forme centrifuge pour le lavage et le séchage des substances; 7° dans un séchoir-étuve à courant d'air chaud intermittent; 8° dans un appareil de compression des légumes desséchés; 9° dans des sacs en papiers imperméables pour l'emballage des légumes; 10° dans des vases à renfermer les substances, et dans un mode de bouchage spécial.

En 1854, M. Haussmann se fit breveter pour un procédé pour la conservation des légumes secs et des céréales, procédé qui consistait à placer dans un milieu atmosphérique désoxygéné, en faisant usage du vide produit par une pompe ou tout autre agent, ces denrées d'ailleurs renfermées dans des appareils, soit métalliques, soit en maçonnerie, soit en bois ou en toute autre matière revêtue ou non d'un enduit ou d'une doublure en gutta-percha destinés à intercepter le contact de l'air extérieur.

En 1854, MM. Delacour et Janvier prirent un brevet de perfectionnement pour les moyens apportés dans la préparation des légumes et autres substances dans un but de conservation.

Ces perfectionnements consistent dans l'emploi d'un appareil de dessiccation rotatif sur lequel on place les substances à conserver pour les faire ensuite passer dans une étuve à air chaud pour en opérer la dessiccation.

En 1854, MM. Mège et Cie prirent un brevet pour la dessiccation des légumes. Ce brevet dit que c'est au moyen de l'eau bouillante et de la vapeur injectée par des tubes percés de trous, à une température de 60 à 70 degres, dans une chambre ou appareil renfermant les substances à conserver.

A l'aide de ce mode de faire, ils disent pouvoir obtenir la dessiccation des légumes, fruits et racines alimentaires.

En 1855, M. Auger, dans un brevet pris le 11 octobre, établissait que, pour obtenir la dessiccation et la conservation des pommes de terre et des autres légumes, il suffisait de leur faire subir une légère coction dans un appareil spécial, puis d'en opérer, après retrait, le placement sur des claies dans une étuve à air chaud.

En 1855, M. de Sezignac s'est fait breveter pour un procédé de conservation des légumes, qui est le suivant :

On prend une dissolution d'eau gommée, on fait chauffer cette dissolution jusqu'à ébullition, on trempe alors les matières que l'on veut conserver dans le liquide bouillant, on les retire ensuite et on les met à sécher sur des claies.

En 1856, M. Belmont a pris un brevet pour un procédé de conservation des céréales au moyen de la cuisson, du retrait et de la dessiccation dans une étuve.

Dans le *Dictionnaire des plantes alimentaires*, on trouve décrit le procédé suivant pour la conservation des choux par la méthode hollandaise : On nettoie bien toutes les feuilles ; on les coupe par tranches de l'épaisseur du doigt, on leur fait subir un bouillon dans l'eau avec un peu de sel, on les retire du feu et on les met à égoutter : lorsqu'ils sont ressuyés, on les range sur des claies au soleil ; deux jours après, on les passe au four à une chaleur d'étuve ; on les y met à deux, trois fois s'il est besoin, jusqu'à ce qu'ils soient bien secs. On les renferme ensuite dans des sacs de papier. Lorsqu'on veut les manger, on les fait revenir dans l'eau bouillante, avec du beurre, et on leur donne ensuite la sauce que l'on veut.

On voit, par tout ce que nous venons de dire, que la dessiccation des légumes et des racines peut parfaitement être pratiquée par les moyens connus.

Mais tout ce qui a été fait jusqu'ici n'aura de valeur que lorsque l'industrie s'emparera de toutes ces connaissances pour les appliquer en grand.

Cette application faite dans les pays de production aurait pour conséquence de fournir à toutes les classes de la société, et à un prix modique, des aliments sains, que l'on ne peut, à l'époque actuelle, se procurer dans toutes les saisons, parce que leur prix est trop élevé.

Nous terminerons là le travail que nous nous étions imposé : travail qui, nous a-t-on dit, a soulevé quelques critiques particulièrement sur l'ordre que nous avons adopté ; mais ne pouvant combattre les opinions émises à ce sujet, ni faire de la polémique avec des critiques que nous ne connaissons pas, nous nous permettrons de répondre qu'il n'y a que ceux qui ne font rien qui ne se trompent pas, et qu'il est surtout difficile de contenter tout le monde.

www.ingramcontent.com/pod-product-compliance
Ingram Content Group UK Ltd.
Pitfield, Milton Keynes, MK11 3LW, UK
UKHW020327250726
13967UKWH00004B/1899

9 782011 900890